人物介绍

怪怪老师

性格： 自称来自外太空最聪明最帅的一个种族（不过没人相信）。拥有神奇的能力，比如时空转移、与动物沟通、隐身等。他带领同学们告别枯燥的教室，在数学世界里展开一段又一段奇妙的魔幻探险。

星座： 文武双全的双子座

爱好： 星期三的午后，喝一杯自制的"星期三么么茶"。

性格： 鬼马小精灵，班里的淘气包。除了学习不好，其余样样行。喜欢恶作剧，没一刻能安静下来，总是状况百出。不过，也正是因为有了他这样的开心果，大家才能欢笑不断。

星座： 调皮好动的射手座

爱好： 上课的时候插嘴；当怪怪老师的跟屁虫。

皮豆

蜜蜜

性格： 乖巧漂亮的甜美女生，脾气温柔，讲话细声细气。爱心大爆棚，喜欢小动物，酷爱吃零食。男生们总是抢着帮她拎东西、买零食，是班里的小女神。

星座： 喜欢臭美的天秤座

爱好： 一切粉红色的东西，平时穿的衣服、背的书包、用的文具……所有的一切都是粉色的。

性格： 霸气外露的班长，捣蛋男生的天敌。女王急性子，遇到问题一定要立刻解决，所有拖拖拉拉、不按时完成作业、惹了麻烦的人都要绕着她走，不然肯定会被狠狠教训。班上的大事小事都在她的管辖范围之内。

星座： 霸气十足的狮子座

爱好： 为班里的同学主持公道，伸张正义。

性格：明星一样的体育健将。长相俊朗帅气，又特别擅长体育，跑步快得像飞。平时虽然我行我素，不喜欢和任何同学交往过密，却拥有众多女生粉丝，就连"女汉子"女王跟他说话时都会脸红。

星座：外冷内热的天蝎座

爱好：炫耀自己的大长腿。

十一

性格：天才儿童，永远的第一名。博学多才，上知天文下晓地理，有时候怪怪老师都要向他请教问题。只是有点儿天然呆，常常在最基本的常识性问题上出错。

星座：脚踏实地的金牛座

爱好：看科普杂志。

博多

怪怪老师带来的一只外星流浪狗，是大家最最忠实可靠的朋友。

乌鲁鲁

目录
CONTENTS

AR
扫一扫，看动画

按照封底说明，手机下载应用程序"鲁教超阅"，即可观看精彩动画！

动画片目录

第 一 章

饭桶，饭桶

怪怪老师在上课铃声中自信满满地走进教室。

"今天咱们学习的是——"怪怪老师停下来,挠挠头,继续说,"有谁知道质量吗?"

"质量谁不知道?我家用的电器全是质量信得过的产品。"皮豆边举手边站起来说。

这话让大家哈哈大笑。

女王眼看着怪怪老师的面子挂不住了,回过头来朝皮豆直翻白眼:"嗨,嗨,嗨,皮豆,老师让你站起来了吗?你就抢着回答?"

"是啊,皮豆,我没让你说呢,你就说了。你坐下吧。"怪怪老师借着女王的话下了台阶,然后摆出一副老学究的样子说,"咳,咳,我来告诉你们吧,质量呀,有好多种含义,刚才皮豆说的就是其中的一种,是指产品或工作的优劣程度。"

皮豆得意起来，屁股来回在凳子上扭着，左右显摆："看看，我说对了吧？"

"不过，我们今天学的质量是数学概念，别忘了我们在上数学课。"怪怪老师说着，瞪了皮豆一眼，"除了这些，质量还可以作为物理学术语、地理学术语，或表示音乐的听觉效果等等。现在说你们也不明白，以后你们长大了会学到的。"

怪怪老师指着黑板说："我们来看看，质量表示物体中所含物质的量，不会因外界环境变化而发生变化。而重量则有所不同，重量是由于地球引力产生的。如果一个物体离开了地球，重量一定会发生变化，但质量不变，同学们要牢记。"

看到博多举手，怪怪老师点点头："你有什么问题吗？"

"老师，我可以说说我对质量的理解吗？"博多见怪怪老师点头，就接着说，"我觉得什么都是有质量的，比如这些桌子、椅子，还有我们每天背的书包，喝的水，吃的饭……"

没等怪怪老师再次点头，女王就带头鼓起掌来。

怪怪老师表扬了博多后说："下面我们就看看质量用什么单位名称来表示。"他转身在黑板上写下"吨""克"，还没转回身呢，就听到同学们哄堂大笑。

怪怪老师仔细看了看自己写的字，没错呀，很工整的。他唰地转过身，想让大家把笑声止住，没想到同学们却笑得更厉害了。

"怎么回事？"

"老师！皮豆他……他……"蜜蜜指着皮豆，笑得话都说不出来了。

怪怪老师生气了："皮豆，你刚才趁着我写字又干了什么好事？"

"老师，冤枉啊，我没有，真的没有。"皮豆的脸都憋红了，同学们也笑得更响了。

怪怪老师的脸由红变青，接着黑了，但是那满脸的乌云并没有吓倒大家。

女王好不容易忍住笑，指着皮豆说："上节语文课，皮豆写了一句话：'我一天吃了三吨饭。'"

"哈哈哈哈，哈哈哈哈……"女王的话再次触动了大家的笑点，教室里的笑声像海浪一般此起彼伏。

皮豆的脸也开始起变化了，颜色变化顺序和刚才的怪怪老师差不多。他抱拳对大家拱手说："我求求你们了，就别再提这茬儿了好吗？都怪我粗心，把'三顿饭'写成了'三吨饭'。"

紧绷着脸的怪怪老师也笑了："原来如此啊。"他灵机一动，马上有了好主意：何不趁此机会让大家亲身体验一下吨和克的区别？

就在大家仍然笑个不停的时候，只听怪怪老师拍了两下手，教室开始摇晃起来。

同学们都知道，这不是地震，而是怪怪老师又要玩魔法了。大家不仅不害怕，还满怀期待地等着接下来要发生的事情。

同学们的知识不断增长，与

好好学习，天天

此同时，怪怪老师的神奇能力也在不断地提高。大家正翘首企盼时，屋顶纷纷扬扬下起大雪来。

"啊哈，夏天下雪！"

不！仔细看看，那不是雪，而是米粒。大米铺满了地板，接着很快就没过了膝盖，又没过了课桌。

"老师，太浪费了，这都是粮食啊。"蜜蜜细细的声音传来，"谁知盘中餐，粒粒皆辛苦。"

"嘘！"皮豆看看怪怪老师没有反应，对大家挤眉弄眼地说，"反正怪怪老师还能把它们变回去的，咱们不用多操心了。"

怪怪老师也不说话，只是嘿嘿一笑。

很快，"大雪"带来的凉爽消失了，温度开始不停地上升。

"好热！"大家都拿起本子来扇风，可是没用，呼呼扇的都是热风。

"快看！"皮豆指着四周大叫。

同学们这才发现，教室的墙不见了，棱角也不见了，周围都是宽宽的木板，他们被围在一个大大的圆圆的木桶里了。难怪热呢，这是木制的饭桶呀！

"饭桶，就像蒸锅，怪怪老师这是在给咱们做饭呢。"博多想幽默一下。皮豆却苦着脸说："你确定吗？我感觉老师是在拿我们煮饭呢。"

说话间，大家的鼻孔里都吸进来一股香味，对，是米饭的香味！

"同学们，米饭做好了，欢迎品尝。放心吧，我只加热了米粒没加热你们。"怪怪老师这才开口说话，还带头抓了一把米饭塞进嘴里。

大家都乐了，早就听说过手抓饭，可是都没吃过，现在可以试试了。

　　男同学狼吞虎咽地吃起来。只见胖大力左右开弓往嘴里塞，不停地边吃边含糊着说："香，真香。"

　　女生就文雅多了。女王小心地抓了一小撮，慢慢地送进嘴里。蜜蜜平时就特别爱干净，现在更是觉得没洗手不卫生，只是小心地吃了几口。

　　再好吃的东西也有吃饱的时候，不一会儿大家打着响亮的饱嗝，再也吃不下去了。怪怪老师还在喊："吃啊，吃啊，还多着呢，多好吃呀。"

　　"老师，我们都饱了。"皮豆又勉强咽下一口。

　　"不行，你一天要吃3吨呢，这里才有1吨呀，继续吃。"怪怪老师假装板着脸说。

　　"1吨就这么多呀，乖乖！"皮豆吐吐舌头。

女王深吸一口气，对怪怪老师说："老师，你就饶了他吧，他也不是故意的。现在，我们都知道1吨有很多很多了，也吃饱了，还是上课吧。"

"好，我也不为难你们了，现在吃饱了，大家就各自出桶吧，到外面活动活动。"

啊？这么深的饭桶，可怎么出去呀？还好十一最近在练攀岩，只见他噌噌地沿着桶壁徒手攀登起来，很快就出去了。如此迅捷连怪怪老师也没想到呢。

十一出了饭桶，自顾自走开了。

大家仍旧发愁，还是没法出去呀。

博多拍拍乌鲁鲁，让他沿着桶壁不停地跑。博多又拿出书包里的小激光手电筒，在桶壁上画着圆形轨迹，乌鲁鲁就沿着轨迹跑。

慢慢地，博多画的圈越来越往上，乌鲁鲁跟着圆圈跑一圈就往上一些，终于到了桶口，他也出去了。

"乌鲁鲁, 去找绳子!"

很快, 从桶口顶端扔下来一根绳子, 大家按照女王指定的顺序, 一个个拉着绳子出了桶。

怪怪老师笑着看大家都出去了, 才收回魔法, 招呼大家重回教室。

"拿出来吧?"他盯着皮豆说。

"什么?"皮豆装糊涂。

怪怪老师不说话, 只是默默地盯着皮豆。一分钟, 两分钟……皮豆受不了啦, 走到讲台上, 从衣服口袋里拿出个塑料袋, 里面装着米饭。

"想不到皮豆还打包, 你家买不起米饭了吗?"同学们的语气不太友好。

皮豆的脸今天第三次烧了起来："我，我，只是觉得太美味……"

怪怪老师脸色一变，说道："我要表扬皮豆同学，他刻意留下了这1千克米饭，是为了方便大家知道1千克的量有多少啊。"说着，怪怪老师拿出一个天平，称了称那袋米饭，刚好1千克。

大家都明白了，1吨有很多很多，差点儿把大家埋起来。1千克有一小堆，够几个人吃一顿的。

"那么1克有多少呢？"

怪怪老师又变了戏法，把二十粒生米放在讲桌上："这大约就是1克。"

"好少啊，还不够我吃一口的呢。"女王不屑地说。

"不过，即使是1克重的东西，也有可能很有价值。"怪怪老师摘下戒指说，"别看这个不大，也有好几克呢。"

他说着，在黑板上写下：1吨=1000千克，1千克=1000克。

胖大力大声说："1吨米饭能把人埋在里面，能分成1000小堆

1吨=1000千克
1千克=1000克

米饭,每一小堆够好几个人吃的,每一个人的又能分好多口。"

"你就知道吃!"女王再次不屑地说。

怪怪老师突然有了新的题目,大声问:"同学们,我们知道了质量的概念,现在想想是1千克铁重,还是1千克棉花重呢?"

"我知道,我知道!"皮豆抢着回答,"1千克铁重!"

教室里又传出浪潮般的笑声,皮豆过了半天才回过味儿来,只可惜这次又要被大家当作笑料了。

脑力大冒险

皮豆要把1吨米饭中含有多少米粒数清楚。博多跟他打赌，说他根本数不清楚。皮豆真的数起来了，但是刚数了两天，米饭就要馊了。女王出主意说换一种方式来比试，那就是皮豆把吨用克来表示，博多把克用吨来表示。这还真不容易，你能来帮帮他们吗？

1吨＝（   ）克，1克＝（   ）吨

第 二 章

神奇飞屋

同学们整天就盼着上数学课。

盼着，想着，第三节课的上课铃声总算响了。

可是铃响过好长时间，怪怪老师还没有来。

"不对呀，怪怪老师从来不迟到的。"同学们已经开始不耐烦了，有人小声地议论着。女王站起来维持纪律："大家静一静，既然怪怪老师没有请假，那他一定会来上课的。"

"老师不应该迟到。"皮豆看看自己的手表。

"你也有迟到的时候呀，老师也是人，谁也不能保证一辈子准时。"

突然，一大束彩色氢气球堵在了门口，教室里再次骚动起来。

"咦？这是卖气球的吗？"于果大声嚷嚷着。

女王想了想："这不快到节日了吗？肯定是学校里准备的彩球不小

心飘过来了。"

"啊，我真想拿几个气球玩玩。"蜜蜜说着，就下了座位，向门口走去。

气球涌进教室，蜜蜜还没伸手，就被气球后面藏着的人吓了一跳。

"怪怪老师！"

不错，拿着大把气球的人正是怪怪老师。他挤着眼对蜜蜜说："你再向前1毫米，就碰到气球了。你跑得那么急，我可不敢保证气球不会被碰炸哦。"

蜜蜜吐吐舌头，回到座位上。

同学们的心情由烦躁转为好奇，谁也不知道怪怪老师想干什么。上数学课，带那么多气球干什么？数数？不可能，那是一年级学生干的事。

"同学们，我想解释一下迟到的原因——"

"老师你没迟到，"皮豆讨好地说，他举起自己的左腕，"你看，我

好好学习，天天向上。

的手表才刚到上课时间呢。"

女王不高兴了："哼，你的手表会倒退着走吗？刚才不知道是谁在说老师……"

"啊，我可没说。"皮豆没等女王说完，就拦下了话题。

怪怪老师依然笑嘻嘻地说："为了给大家准备道具，我刚才让时间停顿了一会儿。"

可大家的兴趣并不在时间上，而是在这些气球上。怪怪老师也不解释，把手一松，气球全都升到天花板上了。

"刚才我跟蜜蜜说还差1毫米她就碰到气球了，现在请蜜蜜来说一下，1毫米有多近。"怪怪老师突然变得严肃起来，大家只好把仰起的头低下去。

蜜蜜用手比画着："这么近，就差这么一点点儿，反正很近很近了。"

"我知道！"皮豆伸手拉下一只在头顶的气球，用脸去靠近。他的同桌女王不停地说："不够近，还不够近，还——"

　　皮豆一下子没控制住，脸轻轻地蹭了一下气球，只听嘭的一声，把皮豆吓得松了手，双手抱住头。可那气球又升上去了，同学们发出一阵哄笑。

　　仔细看看，原来是女王太紧张，不小心把课桌上的一摞书给碰到了地上。"嗨，我这边正演得入戏呢，你别用音效配合我呀，瞧把我吓的。"

　　怪怪老师敲敲讲桌："我说了气球会爆炸，谁让你乱动的，吓唬你一下也好，对大家也是个警告。没有我的命令，大家不许乱动气球。"

　　"看来大家对毫米有了一些认识，现在我们来看看1米有多长。大家找找粉红色的气球，不是让你们看气球，是看拴粉红色气球的绳子，全都是1米长的。"

　　大家看了看，可不是嘛，粉红色气球的绳子末端都高高地悬在半空中，坐在座位上的同学们根本不可能伸手就抓到。

　　"再看蓝色气球的绳子，它们都是1.5米长。绿色是2米，橙色是2.5米，黄色是3米……"怪怪老师边说着，大家边仰着头寻找。哈，黄

色气球的绳子都快垂到书桌了。

"老师，这真是个好办法，一下子就让我们看出了1米和2米的区别。"女王高兴地说。

怪怪老师不说话，朝着气球吹口气，那些气球就都乖乖地聚拢了，绳子都跑到了他的手里。哇，多美的图案呀，从下到上，一圈粉红，一圈蓝色，又一圈绿色，再上面是橙色、黄色……一圈圈，一层层，排列有序。

"好了,气球数学课正式开始!"怪怪老师宣布。

啊? 现在才正式开始? 刚才已经够好玩了,接下来难道还有更精彩的?

当然是的!

怪怪老师伸出另一只手,朝着天花板画了个小圈,天花板上就出现了圆形的蓝天,那些气球乖乖地钻了出去。怪怪老师把气球上的绳子都绑在皮豆的凳子腿上,吓得皮豆一动也不敢动。

"我们的教室前后长度是10米,现在我要把它缩小成1米!"怪怪老师用双手比画着长度,往中间缩短。皮豆吓得大叫起来:"老师,不要啊,我们这么多人会把教室撑破的!"

"真多嘴,老师难道不知道吗?"博多正等着奇迹的发生,对皮豆的叫喊很反感,生怕怪怪老师不再进行下去。

果然,教室小了,同学们也跟着变小了,大家好像还坐在原来的教室里。

不过,这间教室已经脱离了教学楼,飞了起来。

"啊,飞屋!"

"真正的飞屋,比在电影里看的还过瘾。"

大家忍不住跑到窗边和门口去看风景。

"呀,学校好大呀,我们的教学楼也好大。"

"那是因为咱们变小了。"

"街上的树看起来像森林!"

"啊,越来越高了,真好!"

"看,快看,现在还能看到咱们学校呢,操场只有床单大小了,教学楼看着像盒子了。"博多指指窗外,兴奋地和皮豆说着。

气球越飞越高,离太阳也越来越近。靠外侧的几个气球纷纷破了。

还是女王细心,她注意到了这个现象……呀,不好!紧接着,皮豆也看到破裂的气球,吓得面色惨白,双手牢牢抓住窗台边沿,大喊着:"我们要坠毁啦!"

"怪怪老师,气球离太阳过近,容易破,请求紧急降落。"女王马上向怪怪老师汇报。

怪怪老师正在测量现在的高度,听女王这么一喊,马上割断气球的绳子,气球快速地飞走了,教室开始下降。

"唉,真可惜,我还没看够呢。"美美叹口气。

"是啊,我还打算航拍呢,这下不能了。"于果附和道。

"别抱怨了,安全最重要。"女王

安慰着大家。

飞屋安全着陆了，皮豆松了一口气。

等等！皮豆很快就觉得大腿有点儿凉，难道？

他低头看看，果然裤子湿了一片。再看看地上，脚下也有一小片水渍。

天哪，还有比吓得尿裤子更丢脸的事吗？皮豆再次紧张起来。

怪怪老师很快发现了皮豆的异常，他不动声色地让乌鲁鲁出现在教室里。乌鲁鲁高兴地在人群中钻来钻去，好像来了很久的样子。

"呀，乌鲁鲁撒尿了！"蜜蜜捂着鼻子叫道。

"乌鲁鲁，下次不许这样随地大小便。"

皮豆感激又愧疚地看着乌鲁鲁，伸手去抚摸他的头。怪怪老师在一边无声地笑了。

"刚才，咱们的飞屋教室大约飞到了2千米的高度。现在，我们的教室只有1米的长度。"怪怪老师拿着皮尺比画着。

"老师，咱们太小了，快变大吧，别被人家欺负了。"

是啊，教室降落的地方并不是学校，而是

一片空旷之地。

"好吧，那就变回来吧。"怪怪老师今天真是好脾气。

女王突然顽皮地说："老师，把咱们的教室变得大大的吧。"

同学们都跟着班长起哄。怪怪老师点点头："好，就把教室的长度改为1千米。"

这下可好了，教室变得长长的，同学们之间的距离也拉得大大的，再也不会因为你挤我、我碰你而生气了。

可是麻烦也随之而来。

怪怪老师在黑板上写下：1千米=1000米，1米=10分米，1分米=10厘米，1厘米=10毫米，1米=1000毫米。但是谁也看不见，当然了，离得这么远，谁能看见？

怪怪老师让皮豆到黑板前来给大家读一下这些内容，可皮豆从座位走了好久才到讲台，念完了再走回去，又是半天，可真远啊。

"老师，这比从我家到学校还远呢。"

"看来教室太大真不方便呀。"

没等大家议论完，怪怪老师的手上又多出一大束气球来，看来是要飞回去了。

"但愿这次不会飞太高，气球不会再破裂。"皮豆紧张地坐在凳子上，闭着眼睛想。

脑力大冒险

好玩儿的游戏来了！请和同学们一起，每人拿出一张白纸，画出几条线段来，要求是：先画出1毫米的，再画出1厘米的，接着画出1分米的，然后画出2分米的。好了，现在把线段剪下来并连接起来，按照参加游戏的人数算出连接好的纸条长度是多少，再用尺子量一量对不对。

第 三 章

蘑菇城堡

对于0这个数字，怪怪老师是有些头疼的。

这个看起来表示没有，却又神通广大的数字，让怪怪老师常常无法向学生表达清楚。

说它表示不存在吧，皮豆那帮小子就会打破砂锅——纹（问）到底："不存在？那还要0这个数字干什么？"

"就是，那就在本子上留个空好了，还0什么0？"

"消灭0！"

"对，消灭它！"

……

好吧，怪怪老师才不怕大家的抱怨呢，数字又不是他发明的，要是真的不需要0，那么早就有人把它消灭了呀。

"同学们，别激动啊，0和别的数字一样，又没得罪你们，可你们怎么对它这么反感呢？"怪怪老师想把0说得可爱些。

皮豆跳起来："怎么没得罪我？我跟它有天大的仇！"

怪怪老师和同学们都很奇怪，一个数字，还真能和人有仇？

　　蜜蜜反应够快，唱了一句："……小孩儿，小孩儿，快点儿上学校，别考个鸭蛋抱回家……"

　　大家的笑声提醒了怪怪老师，他也想笑，可还是憋住了。是的，皮豆曾经有一次剃光头的经历，就是考试得了0分。

　　女王看到怪怪老师不说话，抢着说："哎，皮豆，这事可不怪别人，要怪也怪你自己不认真。老师讲得再好也没用，你做题的时候粗心大意，谁也没办法。"

皮豆的脸红了又红，嘴上却还不饶人："反正我就是不喜欢0，你们要是喜欢，让它跟你们玩好吧？"

博多说："皮豆，这就是你的不对了，虽然咱们是好朋友，可我还是得说说你。没有0，1能变成10吗？100从哪里来？1000呢？10000呢？"

"就是嘛，没有0成不了事。"有人开始转变话题方向了。

怪怪老师想起网上流行的一句话："告诉你们吧，每个人的财富啊什么的都是0，只有健康才是1，有了这个1呀，后面的0才有意义……"

"怎么样？我就说吧，0是没用的，要跟着别的数字才有用。"皮豆鬼机灵，接了怪怪老师的话。

女王等人刚要对怪怪老师的话报以掌声，突然也觉得老师的举例好像反而有利于皮豆的诡辩了。

"咳咳，"怪怪老师顿了顿，"好了，言归正传，我们今天来学习0的乘法。"

在大家还没反应过来的时候，教室的墙壁已经不见了，同学们面前是一片青草地，草地上的石墩是他们的课桌，抬起头，蓝天白云，清风微拂，不要太舒服哟。

蜜蜜深深地吸了一口气："真是太好了，我喜欢这淡淡的清香。"

"看哪，这个蘑菇是0啊！"

"快看！蘑菇！"皮豆总是东张西望的，他很快就发现了草地上的小白点。

"这儿也有。"又有人也发现了几个。

怪怪老师不慌不忙地走过来："大家仔细看看，这些蘑菇是不是很可爱呀？"

"可爱，太可爱了。"女王低头凑过去看，鼻子尖都快碰到蘑菇了。

"别碰，碰了就不长了。"

"老师，这些蘑菇安全吗？会不会有毒？"

怪怪老师笑呵呵地说："放心吧，都是无毒的。"说着他的手朝着蘑菇挥了挥，眼尖的蜜蜜马上大叫："看哪，这个蘑菇是0啊！"

同学们挤到那个带有数字"0"的蘑菇跟前，都学着女王刚才的样子凑近去看。

女王却很快走到一边，也叫起来："看哪，这里的蘑菇上都有数字，9、5、8、3、1、4……好多呢。"

"好，今天我们不是玩采蘑菇，而是玩一个叫移蘑菇的游戏。"怪怪老师这才说出今天的任务。大家一听要玩游戏，都提起了精神。

"老师，蘑菇太小，我们都看不清上面是几。"有人叫道。

怪怪老师拍拍手，示意大家让开。只见他的眼睛发出两道光来，如同两个手电筒。那两道光朝蘑菇上照了照，蘑菇就唰地长大了。

"大，大，大，再大些，再大些……"几个调皮的同学跟着皮豆一起学着孙悟空的口气起哄。

　　"好了，不用太大，现在差不多了。"怪怪老师停止了照射，蘑菇也停止了生长，每个蘑菇变成了一个蘑菇城堡。

　　几个女生叽叽喳喳地商量了一会儿，都涌向带有数字0的蘑菇城堡："我们要在这里。"

　　走进蘑菇一看，嘿，这不就是他们的教室嘛。

　　其他同学也不甘示弱，几个扎一堆，钻进了别的蘑菇城堡。

　　怪怪老师一直背着手看着大家，这会儿才又开腔说话："各位请注意了，今天要学的是——0的乘法威力。有句话最能形容0的乘法了，叫不能摸不能碰。"

　　"啊？这么可怕啊？"皮豆有些害怕地捂着头，想要逃跑。

　　"你给我回来！"女王大吼一声，"怪怪老师的课只是有趣，从来没有过危险，你能不能把话听完？"

皮豆只好灰溜溜地退回来，原地坐下，不过他的腿还在不停哆嗦。

怪怪老师对女王及时制止了皮豆逃课表示感谢，冲她笑了笑，然后说："我要说的是——0乘任何数结果都是0，也就是说任何数乘0结果都是0，听明白了吗？"

"不——明——白——"大家拖着长腔说。

"哈，我就知道你们不明白。"

"老师，不是我不明白，是我不相信，0就这么厉害吗？"皮豆表示怀疑。

怪怪老师登上草地边上的一个土堆说："好，现在咱们就试试好了。"他往空中一抓，一面红色的小旗就到了手里。另一只手也一抓，又多了一面绿色的小旗。

"现在听我的命令，大家开始进攻0号蘑菇城堡。"怪怪老师说，"我手里的红绿旗就相当于红绿灯，大家看着信号行动。"

"报告老师！"女王急得大叫，"我们力气小，怎么能跟他们玩打仗呢？我们肯

定会输的。"

"是啊，是啊。"

"老师偏心。"

"老师欺负人。"

蜜蜜都急得要哭了。怪怪老师却哈哈大笑："你刚才还说我的课从来没有危险，现在自己倒怕了，是对我不放心，还是不相信自己的威力？"

"威力？我们哪有威力？"蜜蜜睁大了眼睛。

怪怪老师没有正面回答，只是重复了刚才的讲课内容："0乘任何数结果都是0，也就是说任何数乘0结果都是0，听明白了吗？哦，不，记住了吗？"

女王好像瞬间明白了什么，连连点头，说："记住了。"

怪怪老师站在高高的"指挥台"上，指挥其他蘑菇城堡里的将士们。他的小绿旗指了指1号蘑菇城堡，那里面的四个同学商量了一下，决定悄悄地靠近0号蘑菇城堡，再来个猛烈进攻。

他们移动1号蘑菇城堡，慢慢地靠近女王的0号蘑菇城堡。谁知刚刚碰着，1号蘑菇城堡就不见了，四个同学也进入了0号蘑菇城堡，成了0号蘑菇城堡里的士兵。

"啊？"其他蘑菇城堡里的士兵都惊呆了，"刚碰到就变成了0啊？不得了！"

怪怪老师手中的旗子指向9号蘑菇城堡，这是最大的一位数了。蘑菇城堡里的五个士兵密谋了一下，忍不住偷偷乐了："对，就这样，我就不信打不败他们。"

9号城堡的士兵们迈开正步，不可一世的样子把旁边几个蘑菇城堡里的士兵都逗乐了。

"冲啊——"9号城堡里的士兵们高声喊着,英勇地冲向0号蘑菇城堡。那杀气腾腾的样子,还真让躲在城堡里的同学捏了把汗。

可是一切担心都是多余的,9号城堡里的士兵们一碰到0号蘑菇城堡就立刻变得温柔起来,马上归顺女王了。就连他们那个9号蘑菇城堡,也消失不见了。

"太神奇了,想不到小小的我们会有这么大的威力。"女王高兴地和城堡里的士兵们击掌庆贺。

外面那几个其他数字形状的蘑菇城堡可就没这么欢腾了,士兵们哭丧着脸,都在想对策呢。

皮豆坐不住了,他举手示意要发言。怪怪老师放下旗子问:"你有什么好的作战方案吗?"

"老师,我建议大家联合起来,各自派出最精良的士兵去进攻0号蘑菇城堡。"

"好啊。你们组队吧,编好了队伍告诉我。"怪怪老师答应了。

这边他们在想办法,人家0号蘑菇城堡里已经歌声四起了,他们在庆祝胜利呢。也难怪,连胜两局谁不高兴啊?还扩大了队伍,

女王能不得意吗?

"哼,就让他们先得意一会儿吧,看我们待会儿怎么收拾那个城堡。"皮豆把牙咬得嘎嘣响。

皮豆提议把所有的数字相加,这样该得到个大数了吧?

十一摇摇头:"不,不,不,我觉得大家排在一起数字会更大吧。"

博多认为还是用乘法能把数字变得更大。于是,大家按照博多的意见,组成了浩浩荡荡的队伍,直接把0号蘑菇城堡包围了。

谁也没想到,这么大的数,去乘0,也就是去攻击0号蘑菇城堡时,还是噗的一声被吞了,也不见了。

0 × 任何数=0

任何数 × 0=0

最后，草地上只剩下一个蘑菇城堡，那就是大大的0号城堡。

"今天的课就上到这里，大家都记住了吗？"怪怪老师收回了旗子。

"记——住——了——"大家齐声回答。

随着这声响亮的回答，同学们又回到了教室里。

脑力大冒险

皮豆拿着蘑菇数字5、2、6、9、0向博多吹嘘："你知道我能采到多少个蘑菇吗？把这些数字排列成最大的数字就是我采蘑菇的数量，厉害吧？"

博多也拿过来一个数字蘑菇，指着它说："乘这个的得数还差不多吧？"皮豆接着羞红了脸。你知道皮豆吹嘘自己能采到多少蘑菇吗？博多手里拿的蘑菇数字是几？

第 四 章

蔬菜大棚

怪怪老师笑嘻嘻地捧着一堆草莓走进了教室，此时上课铃还没响，大多数同学还在吵闹，并没有人注意到他。但是蜜蜜的鼻子已经闻到了香香甜甜的草莓味道，马上大叫："春香！"

"不，是秋香吧。"于果开玩笑说。

"还唐伯虎呢。"更多的人附和着。

蜜蜜不屑地说："你们懂什么呀，我说的是一种草莓的品种，春香是最好吃的草莓！"

"哪里有草莓？"

大家的嗅觉都被唤醒了，胖大力更是夸张地收缩着鼻翼："啊，我闻到了草莓的甜味，草莓在哪里？"

女王大叫："你们都是什么眼神？只知道闻啊闻，又不是乌鲁鲁，难道你们也长着乌鲁鲁的鼻子吗？草莓就在讲台上，你们看不到啊？怪怪老师进教室好一会儿了，你们也没发现，要是乌鲁鲁在啊——"

话音没落，乌鲁鲁摇着尾巴出现了："请问需要我帮忙吗？"

"乌鲁鲁，我们正要上课，你怎么来了？"女王奇怪地问。

乌鲁鲁委屈地说："你都连叫我三遍了，我能不急着出来吗？是不是啊，皮豆？"

"是啊，是啊。"皮豆嬉笑着，把乌鲁鲁揽在怀里，"既然来了，就别走了，一起上课吧。"

"我可不喜欢吃草莓。"乌鲁鲁吸吸鼻子，摆摆尾巴说，"我还是走吧，下课了再陪你玩。"

"算不清这些草莓，想吃也不给你们。"怪怪老师说，"现在我们来分草莓。"

他说着，把草莓交给女王来处理。好吃的东西分起来容易闹意见，怪怪老师把棘手的问题抛给班里最有权威的女王。女王觉得这是件荣耀的事，正乐不可支呢。

但是，女王很快就乐不起来了，因为草莓不够多，根本不够分，只好按小组分了。全班8个小组，每个组只分到4颗草莓。

皮豆带头哇哇大叫："怎么回事？我们组6个人，只给4颗草莓，一人

"请问需要我帮忙吗？"

一颗还不够呢，难道让我们切成两半来吃？"

"切成两半也分不匀呀！"蜜蜜最喜欢草莓，却不能吃个够，甚至连一颗整的也吃不到，当然不开心了，也跟着起哄。

"这……"女王犯难了。

怪怪老师神秘地笑了："如果哪位同学有好办法，我这里有奖励哟！"

大家开始动脑筋，都想在同学们面前露一手，又有奖品可拿，多爽！

皮豆想不出好办法，又怕奖品被别人得到，也不管是不是合理就抢着说："干脆，把草莓都放在一起，全班同学一人来拿一个得了。"

博多马上反对："那怎么行？32颗草莓，全班50多人，哪里够分？谁愿意排在最后？"

"皮豆愿意！"大家一起喊。

女王摇摇头："不行，就是他排最后不要草莓了，还是不够分的。"

蜜蜜站起来，有些犹豫地说："要不然……我出个主意怎么样？"

"哦？蜜蜜同学这次能积极发言，真是一大进步呀。"怪怪老师很

惊喜，及时地表扬她。

皮豆马上接了一句："蜜蜜一小步，人类一大步！"大家都乐了。

"也许……大概……可能……谁知道呢……反正……我不确定这个主意是不是最好的选择。"蜜蜜更加犹豫了，说话也不利索了，"我想，把这些草莓都榨成汁，就好分了。"

"哈哈哈哈……"这次不光是同学们，连怪怪老师也绷不住，笑了。

蜜蜜红着脸说："真的，草莓汁的味道不错的，和吃草莓还不是一样吗？"她的样子很窘迫，快要哭了。

怪怪老师连忙道歉："对不起，都怪我太小气，带的草莓太少了。现在，我们马上去摘，摘很多的草莓来分好不好？"

"好！"

话音刚落，大家就觉得特别热，抬头看看，头顶覆盖着塑料大棚呢。眼前多了一片绿油油的叶子，那些矮小的植物就匍匐在地面，还开着小小的白花。低头一看，自己就站在一道道田垄中间。

"草莓!"皮豆大叫。是的，就在脚边，那些绿叶里藏着红红的草莓。

"摘草莓喽!"女王一边吆喝，一边低头寻找成熟的草莓，还偷偷放进嘴里一个，"真好吃!"

一听说吃，大家就忙开了，一边摘一边吃。

怪怪老师和大棚的主人一起出现了。主人递给同学们一些小筐："吃吧，吃吧，吃饱了再摘些带回去。"

胖大力一边往嘴里塞，一边含糊地对博多说："介（这）个叔叔真是带（大）方啊。"

"准是怪怪老师付过钱了，要不然哪有白吃白拿的道理？"

"介（这）么说，我更要多吃一些，不然就亏了。"胖大力手不停，嘴不停，一通忙乎。

一时间，草莓大棚里欢声笑语，还夹杂着吃草莓的声音。很快，大家的肚子都圆起来，摘下的草莓再也吃不下了，都放在小筐里。

看看大家收获都不少，怪怪老师拍着手叫停。

"大家都辛苦了，现在每个组的同学把你们的草莓都集中起来，数一数，平均分配吧。"怪怪老师这时才说出今天的数学课上要学习的内容，"我们就来做一下估算，就是两三位数除以一位数的估算方法，现在

开始——"

皮豆和蜜蜜是一组的, 组里六个人各自把小桶里的草莓拿出来, 集中在一起数了数, 一共66颗。

"我估计一人能分10颗左右。"蜜蜜自信地说。

皮豆不相信:"我们还没分呢, 你就知道了?"

怪怪老师走过来:"蜜蜜, 说说你是怎么算的。"

"好吧, 我把66看成6个10加上6个1的和。6个10分成6份, 每份就是1个10。6个1分成6份, 每份就是1个1……"

"对!"怪怪老师点点头, "很好, 所以, 你们每人分到的就是1个10加上1个1, 等于——"

"11!"蜜蜜和同学们一起回答。这一声把十一同学吓了一跳, 不用问, 他又走神了。

"是的，66÷6=11，刚好11个，不多不少。"怪怪老师满意地点点头。

皮豆才不相信蜜蜜的好方法呢，他要亲自分一分试试："来来来，你们都站好，我来分草莓。"

他让组里的同学排成1排，自己拿着草莓，先给每个同学1颗，从前头走到后头。再跑回队伍前，又给每个同学1颗……这样来回跑了13趟，大家手里都有13颗草莓，皮豆手里还剩下1颗。

"哈哈！蜜蜜，你算错了吧？"皮豆得意地说，"你看，你们都分到了13个呢，还说什么11个。哼，不亲自分一下根本靠不住！"

他又举起手里的那颗草莓："还说不多不少，这里明明多出来1个嘛！"他转身就要去找怪怪老师，被蜜蜜一把拉住了："等等，你怎么没把自己算上呀？你的草莓呢？"

皮豆傻眼了，是啊，怎么把自己忘了呢？

大家每人把多出的两颗草莓递给皮豆，皮豆数了数，自己手里有11

47

颗,再看同学们手里,也都是11颗。直到现在,皮豆才知道蜜蜜刚才说得没错。

女王所在的小组人数少些,只有四个同学。但是他们摘草莓的功夫了得,大家把各自的草莓倒在一块塑料布上,竟然有不小的一堆,比皮豆他们6个人摘的还多。

"看样子咱们每个人能分不少呢。"

"先数数总数吧。"

"我来,1、2、3、4、5、6……83、84,哈哈,真是不少,有84颗呢。"

女王很得意,作为班长,她喜欢事事都得第一。看着一大堆草莓只有4个人分,每个人分得的肯定要比皮豆他们多了。

皮豆凑过来,讨好地问:"女王陛下,要不要我帮忙啊,我分东西最公平合理了。"

十一也跟过来说:"可别让他帮忙,他会一颗一颗分,结果还分不对。"

"去去去,我跟女王说话,没有你啥事。"皮豆最怕人家揭他的短了,有些恼火。

女王大笑:"皮豆,我堂堂女王,还需要你这小豆皮儿帮忙吗?"

"我不是豆皮儿,我是皮豆!"皮豆抗议道。

"好吧,皮豆同学,我的数学也不差,现在我先估算一下,接下来你再用你一颗我一颗的方法帮忙分,好吧?"

"愿意为女王陛下效劳。"皮豆手放胸口，施了个宫廷礼。

几组学生分草莓的情况，怪怪老师尽收眼底。他不动声色，静观同学们的表现。

女王对组里的几个同学说："咱们把84看成8个10和4个1，平均分成4份。先把8个10平均分成4份，每份是2个10；再把4个1分成4份，每份是1，所以84÷4=21，咱们每人分到21颗草莓。"

皮豆仍然不服："我不相信就这么简单，还是亲自分一分吧。"

和上次一样，皮豆让女王和其他三个同学排成一排。女王不干了："我是班长，哪能听你的，只能是你听我的。"说着站到了三位同学的对面。

皮豆没办法，只好这样了。他拿起草莓递到第一个同学的小筐里："你1颗。"又递到女王小筐里一个："你1颗。"

AR
扫一扫，看动画

再递到第二个同学的小筐里一颗："你1颗。"又递到女王小筐里一颗："你1颗。"

皮豆递到第三个同学的小筐里一颗："你1颗。"又递到女王小筐里一颗："你1颗。"

再递到第一个同学的小筐里一颗："你1颗。"又递到女王小筐里一颗："你1颗。"

女王和大家看得明白，都不说话，只等着看皮豆的分配结果。

最后的结果，当然不是每人21颗，而是三位同学的少，女王的多。就这样皮豆还得意呢："我就说吧，你的算法不行。"

大家哈哈大笑，说皮豆是傻媳妇分馒头——你一个我一个，他一个我一个，怎么也分不匀，只会偏向自己。

"他可没偏向自己，"蜜蜜笑得腰都弯了，"他是偏向女王了。"

皮豆这才明白自己的平均分配并不平均，怪怪老师再次肯定了蜜蜜和女王的计算方法，皮豆总算服气了。

不过之后再有哪一组叫皮豆帮着分草莓，他可不干了，因为分错了要被罚吃草莓。他这一天只要听到"草莓"二字就想吐。

后来才知道，今天的奖品还是草莓。皮豆当场就甜晕了。

脑力大冒险

你给朋友们分过东西吗？有没有分配不均的时候？跟我们分享一下其中的趣事吧！

第 五 章

一起来整蛊

"今天课程的难度大了些，所以也就更有趣了。我们要学习整估。"怪怪老师故作严肃地开始上课。

　　皮豆马上来了兴趣："老师，我是整蛊专家，愚人节的时候，我大获全胜。要说整蛊，我是全班第一！"

　　同学们马上想起曾经被皮豆捉弄的情景，教室里一片热闹。

　　"哈哈哈，是啊，皮豆整蛊方面的才华可了不得。"

　　"没被皮豆整蛊过，还算他的同学吗？"

　　"皮豆——整蛊达人中的战斗机！"

　　……

　　"咳咳，我说的是整——好吧，那我们今天就来玩整蛊吧。"怪怪老师放弃了原来的方案，决定重新调整策略。

"我们今天就来玩整蛊吧！"

怪怪老师的话一说出来，同学们马上进入高度戒备状态，一个个铆足了精神，丝毫不敢懈怠。是啊，谁也不愿意当众出糗。

"请闭上眼睛！"怪怪老师命令道。可是每次这样的命令都是无效的，因为这句话的潜台词就是"我要变魔法了"，所以大家都会假装闭眼，其实都眯着眼偷偷瞧呢。

对于这些，怪怪老师又怎能不知道呢，他只是装作没看见罢了。

果然，皮豆他们看到怪怪老师的食指突然变成了一根竹竿，像根超长的教鞭。怪怪老师用它在空中画了个不规则的图形，就收起了手指。

皮豆在心里暗笑："得了吧，怪怪老师也有演砸的时候，这教室哪有什么变化呀？"

周围有些骚动，显然大家都对怪怪老师的魔法失败感到可惜。

"哈哈，我知道你们在想什么，说我的魔法不灵。我身为外太空最聪明最帅的一个人，不会给自己的种族丢脸的，只是你们，一直在偷窥。这样偷窥会让魔法失去部分威力的，不信，你们真正闭上眼睛试试，只需一秒钟再睁开眼就行了。"

大家试了试，还是没变化。

怪怪老师摇摇头说："你们要同时闭上眼睛一秒钟才行。"

"老师，我来帮忙。"女王威严地命令大家，"听我的口令，大家一起闭眼睛，一二三！"

几乎所有的同学都闭上了眼睛——是的，几乎，就有那么一两个没有听话，他们是皮豆和十一。他们心里压根就不相信什么偷窥会让魔法失效，故意不闭眼睛，要看怪怪老师被整蛊。

可是，也就是一秒钟的时间，他们发现身边的同学不见了，老师也不见了。完啦，人家不带自己去玩了。

"怪怪老师！女王！"皮豆大声喊起来，十一却冷冷地看着他。

皮豆心里更不自在了，他才不要单独和十一在一起呢。

唉，不该故意跟老师作对呀，还说自己是整蛊高手呢，刚开始上课就先被人家给整了。

皮豆没办法，只好老老实实地闭上眼睛，在心里默念怪怪老师。

只听呼的一声，他赶快睁眼，果然

看到同学们了。

可是，且慢！怎么皮豆和大家之间还隔着一层透明的障碍呢，像玻璃，又敲不响。

更令人不可思议的是，十一竟然坐在了同学们中间！

也就是说，这一秒钟，人家十一追上了大家的步伐，皮豆却因为失误，被隔在了外面。皮豆拼命地对着里面摆手、跺脚，摆出恳切的表情，表示自己想进到那个神奇的教室里去。

很快，机灵的皮豆就发现，他能看到里面，里面的人却看不到他。这对于求救者来说或许是最最悲哀的事了，皮豆泄气地放弃了求助。

还好，他能听到里面的人讲话，也就是说，还不耽误听课。

"……估算时，我们可以把被除数看作与它最接近的整十数或者整百数，再来口算。"

怪怪老师好像没发现少了一个学生，已经开始讲课了。皮豆心里有些酸酸的。唉！一直以为自己整天在老师面前极力表现，已经成为老师心里必不可少的人物了，谁知并不是这样。看看怪怪老师平静的表情，就知道他根本没在意我皮豆！

"……例如，89÷3，把89看作90，90÷3=30，所以89÷3约等于30。这就是一个估算的例子，大家再找个数试一下吧。"怪怪老师似乎已经把这节课的重点说完了。

皮豆在心里想了个数，59÷3，把59看作60，60÷3=20，所以59÷3约等于20。"老师，我算出来了！我算出来了！"皮豆激动地又举手又大叫。这样说了好几遍，他才想起，怪怪老师和同学们既看不见他，也听不见他说话，白高兴了。

"哼，我好容易想表现一下，好在同学们面前扬眉吐气呢，谁知还没人知道，太不公平了！"皮豆在心里气呼呼地想。

怪怪老师正在鼓励大家发言："谁来举个例子？"

"老师，我来！"十一抢着举手，这在平时可不多见呀。

"好的，十一同学，请讲。"怪怪老师鼓励地看着他，那眼神，让身处室外的皮豆看了，好生嫉妒。

十一站起来，整了整衣服，还装模作样地清了清嗓子，好一会儿觉得卖够了关子才说："比如$82÷4$，把82看作80，$80÷4=20$，所以$82÷4$约等于20。"

"非常好！你真是太棒了，请坐。"怪怪老师冲着十一竖起大拇哥。

"不！我比十一算出来得快！"皮豆急得在外面抓耳挠腮，"那个大拇哥应该是奖励我的。"

可惜啊可惜，没有人听到他的叫声，没有人理会他的"冤情"。皮豆第一次体会到了被人冷落的滋味，也第一次感到班级是个大家庭，他不想离开这个大家庭。

接着女王、蜜蜜等人也都举了例子，依次受到怪怪老师的表扬，皮豆更急了。今天这个内容比起以前的课程简单多了，可是自己没有机会展示。

人一着急，就能想出好办法来，据说这叫急中生智。这会儿，皮豆还真生出智慧来了——他想起了好朋友乌鲁鲁。

　　连叫三声"乌鲁鲁"后，乌鲁鲁果然出现在了皮豆面前。

　　"快，我的朋友，帮帮我！"皮豆说。

　　"怎么了？你不上课在外面待着干什么？"乌鲁鲁总是一副不慌不忙的样子。

　　"咳！别提了，我不听怪怪老师的话，被罚了。"皮豆想把自己说得可怜些，以博得乌鲁鲁的同情。事实上，他确实是没好好听话，进不去教室也真的算是一种惩罚。

　　乌鲁鲁摇摇尾巴问："今天学的什么？"

　　"说是整蛊。"

　　"整蛊？那难怪你被整了。"乌鲁鲁汪汪汪地叫起来，那分明是在取笑皮豆。

皮豆继续可怜巴巴地说："别笑了，快帮帮我吧。"

乌鲁鲁还是不着急，又问了皮豆听到的讲课内容，然后想了想说："这不是整蛊，怪怪老师说的应该是整估，把数字往整数靠，好进行估算。"

"对对对，还是你说得对。"皮豆想想也是，又连忙讨好说，"快，把我带到教室去，我要学习更多的知识。你不想也跟着学学吗？"

"好咧，抱着我，不要睁眼偷看，心里默数一二三，我们马上出发！"乌鲁鲁说着，皮豆紧紧地闭着眼睛，再也不敢偷看了。

"哗——"一阵热烈的掌声，把皮豆吓了一跳，他赶紧睁开眼，发现自己已经和同学们在一起了。不过，这教室可不是原来的教室，当然啦，这是怪怪老师带着大家来的整蛊教室。

皮豆的脑袋嗡嗡作响，这么说，他们是能看到外面的自己的？

怪怪老师大声说："欢迎皮豆同学回到大家温暖的怀抱！"

"皮豆，你着急的时候真像个猴子。"

"皮豆，你刚才恳求乌鲁
鲁的样子太萌了。"

"嗨，你一会儿生气，一会儿笑，
一会儿讨好，真是表情丰富呀。"

天哪，真是太丢人了。

"哼，你们明知道我在外面，也不来救我，还是乌鲁鲁对我好。"
皮豆气呼呼地说，抱怨同学们还不如小狗对人友善。

"哈哈哈哈，不是我们不帮你，只是这教室叫整蛊教室。"女王大笑。

"啊？到底是整蛊还是整估呀？"皮豆也糊涂了。

怪怪老师挤眉弄眼地笑着说："我要教大家整估，可你却说要整蛊，只好采纳你的意见了。"

哎呀，这么半天，还都是皮豆的责任呀。

"今天的内容已经学完了，同学们都学得不错，我也检查过了。"
怪怪老师满意地说，"下面我们——"

"老师，还没检查我呢，我也学会了。"皮豆举手要求发言。

"你学会了就不用检查了。"

皮豆可不想失去在同学们面前表现的机会："老师，你都检查别人了，求求你也检查检查我吧。"

"已经检查过了啊。"怪怪老师说，"刚才同学们回答的，都是你心里想的呀。"

"啊？"皮豆更加吃惊了，"幸亏我没想别的。"

话音刚落，乌鲁鲁的肚子像录音机一样发出皮豆的声音："哼，他们跟我想的都一样。今天这个内容比起以前的课程简单多了，可惜我没有机会展示，真让人着急！"

天哪，这不是皮豆刚才在教室外想的心里话吗？怎么都被公开了，真是糗大了。

皮豆心里那个别扭呀，想不到连乌鲁鲁也出卖自己！不过，他也不敢多想，要是再被公开心里话，可就更难堪了。平时喜欢整蛊，没想到今天被人整了，还是老老实实地待着吧。

"现在发试卷，你们自己看。得100分的，今天不用写作业了，80分以上的，写一半作业，80分以下的，所有作业必须完成。"怪怪老师一向赏罚分明。

蜜蜜考了98分，她非要说是100分，还说这是整蛊，是老师教的。看着她可爱的样子，全班同学和怪怪老师都同意了。

皮豆灵机一动，也有了主意。他才得了79分，也要求算80，这样就可以只写一半作业了。女王想了想他被整蛊的可怜样，恳求怪怪老师放皮豆一马。

"整蛊教室，也不错嘛。"得到大赦的皮豆又变得开心起来。

脑力大冒险

皮豆跟着妈妈去买杧果，卖杧果的阿姨说6元一斤。他跟妈妈把挑好的杧果放在电子秤上，显示4.045斤。卖杧果的阿姨说，一共24元。皮豆一听可犯了糊涂，阿姨怎么算得那么快啊，算得对吗？你能跟皮豆解释一下，卖杧果的阿姨为什么算得这么快吗？

第 六 章

太空旅行

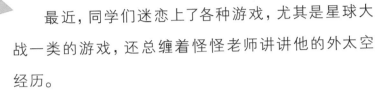

最近，同学们迷恋上了各种游戏，尤其是星球大战一类的游戏，还总缠着怪怪老师讲讲他的外太空经历。

怪怪老师最喜欢炫耀这些了，对于学生来说，不，对于地球人来说，那是一个未知的世界。怪怪老师怎么吹嘘也不会错，所以他讲起故事来，从来不管楼顶会不会被吹飞。

同学们当然不会完全相信怪怪老师的这些故事，不过，上课时间听一听来自外星球的奇闻逸事，也算是一种享受吧，比枯燥的书本内容有意思多了。

"好吧，既然你们想知道更多外太空的事情，恰巧我今天心情也不错，我就带你们去玩玩吧。"怪怪老师今天格外豪爽。

皮豆马上接话："老师，该不会是要带我们去太空吧？"

女王忙问:"外太空冷不冷?要不要我回去换件衣服?我要穿最厚的羽绒服。"

"我要打扮得漂亮一些,我才不穿那么多呢,照相就不好看了。"蜜蜜掏出小镜子,照照自己。

皮豆他们早已等不及了:"你们女生就是麻烦,就知道打扮。这是旅游,不是开时装发布会。"

女王不高兴了:"爱美之心,人皆有之,你不喜欢漂亮,那你别天天

AR
扫一扫,看动画

"看，我根本不需要打扮，就拥有了粉丝。"

洗脸别天天穿好看的衣服呀。"

蜜蜜也帮腔说："哎呀，人家皮豆怎么着都好看，哪里还用得着打扮呀。"说着做出一副崇拜的样子，眼睛眨巴眨巴地看着皮豆。

皮豆得意起来："看，我根本不需要打扮，就拥有了粉丝。"

"哈哈哈哈。"女王和蜜蜜一起大笑，"还说自己不爱美？你这才是纯粹的臭美呢，几句好话，一个眼神，你就绷不住了。"

"不，是自恋吧。"博多忍住笑，故作认真地说。

同学们再次大笑，让皮豆无地自容，他只好催着怪怪老师快快出发。

"你们的观察力太差了吧？只是稍微分散了一下注意力，你们就没感觉到我们已经出发了，请看窗外。"

　　"啊呀！"不看不知道，一看吓一
跳，这教室不知何时已经变身为宇宙飞船，飞在白云之上了。

　　怪怪老师一边驾驶着飞船，一边讲解："现在马上就要进入太空了，
在太空里我们摆脱了地球引力，会有失重现象。大家要注意，飘浮时不
要踢着别人。"

　　随着他的讲解，飞船前方的玻璃窗打开了，大家看到窗外星光灿烂。

　　有人开始怀疑了："真的假的？这明明是白天嘛，怎么会有星星？"

　　"看来你们的太空知识太少了，因为——"怪怪老师刚要解释，那
些星星忽然都聚拢到了一起，越来越靠近飞船。

　　清楚了，更清楚了，大家看到那些小星星有大有小，像一个个姜饼
人。再近些，哈，原来星星上有一些数字和运算符号，加减乘除都有，
还有等号、括号呢。

　　此刻，教室也就是飞船，已经变成全透明的了，同学们兴奋地望着
外面。

在那些小星星发出一阵噼里啪啦的碰撞声之后，茫茫的宇宙间出现了一道算式：$2×8+3×8÷4=?$

"谁能算对这一道题，这些数字小星星就会变成纪念品飞到你的手上。"怪怪老师说，"这可是难得的太空礼物啊，每个人只有一次机会，加油吧同学们！"

同学们个个摩拳擦掌，跃跃欲试。谁不想要这样的礼物啊，一般人想来太空可没那么容易，要是把这些星星带回去，在亲戚朋友面前多有面子啊。

大家都取出本子开始计算，边写还边用手捂住答案，生怕被别人看到了。

皮豆的算法是：$2×8=16$，$16+3=19$，$19×8=152$，$152÷4=38$。

"我算出来了！"皮豆得意地把答案拿给怪怪老师看。怪怪老师摇摇头："错了。"

皮豆傻眼了，刚才说了，每人只有一次机会，他只好等待别人的结果了。

后来好几位同学都和皮豆的算法一样，答案依然是错的。

只有博多做对了，他是这样算的：$2×8=16$，$3×8=24$，$24÷4=6$，$16+6=22$。

怪怪老师满意地点点头："博多同学的答案是正确的，我们恭喜他。"说着带头鼓起掌来。

博多也很高兴，跟着鼓掌，表示谢意。拍着拍着，他的手上就多了一个小星星。那是怎样可爱的小东西呀，晶莹剔透，发出幽幽的光。它映着博多的笑脸，别提多好看了。

"看到没有？这才叫漂亮。"皮豆对蜜蜜和女王说，"根本不是穿什么漂亮衣服能比的，也不是脸蛋好看，这叫智慧，这叫气质，这叫内涵，这叫精神……"

"得了吧，你再拍马屁人家也不会送给你的。还是靠自己做对数学题吧。"女王撇撇嘴，她的心里并不舒服，自己身为班长，竟然也做错了，真是没面子。

皮豆想起来了："对了，博多，你怎么知道要这样算呢？"

　　"我提前预习过呀，本来以为怪怪老师今天要讲这一课呢，谁知道我们跑到太空来了，更没想到在太空正好就有这样的数学题啊。"博多笑呵呵地说。是啊，皮豆想，要是我得了这么多礼物，也会笑得合不拢嘴的。

　　女王对博多说："既然你预习了，快给我们讲讲吧，一定是有规律的。"

　　博多看看怪怪老师，怪怪老师正在专心驾驶飞船，根本没回头，不过他的后脑勺好像长了眼睛一样，说："你就讲讲吧，博多。"

　　"咳咳，是这样的，我预习的时候看到，这

样的算式叫作四则混合运算,计算这样的题目要遵循一定的顺序,那就是'先乘除,后加减'。这是非常关键的,一定要记牢。"博多学着怪怪老师平时讲课的腔调说。

同学们听了,赶紧拿本子记下来。

"还有——"博多还要说下去,新的算式又在宇宙飞船外排列出来了。大家争着去算新的题目,没有工夫再听下去了。

眼前的星星做了新的组合,算式是这样的:

$$5×6+5×6+1=?$$

"如果学会了，请一起来回答吧。"怪怪老师头也不回，大声说。

本来女王算得快还想争先喊出答案呢，听怪怪老师这样一说，只好和大家一起喊："5×6=30, 5×6=30, 30+30+1=61。"

"很好，你们都学会了。"怪怪老师话音刚落，每个人的手上都有了一颗星星，不过，有的星星上是数字，有的星星上是括号，有的星星上是加号，还有的上面是一个叉。哈哈，那当然就是乘号了。

大家对这些小礼物爱不释手，都高兴地互相交换着看。

只有皮豆没有得到礼物，原来他刚才没注意听博多讲运算顺序，还按照自己的错误方法进行。虽然他的错误算法是写在演算纸上的，并没有喊出来，可外太空仿佛有神奇的能力，能看出他的秘密，没发给他礼物。他急得哭起来。

"不要哭，我的礼物多，分给你一个吧。"博多大方地递给皮豆一颗星星。皮豆这才破涕为笑："多谢你。"

谁知这颗蓝星星只在皮豆手上停留了一会儿，就回到了博多手上。博多还以为人家不喜欢这一颗呢，又换了颗星星给他。

没出一分钟，这颗星星又回去了。皮豆羞愧地说："我明白了，不属于我的礼物，我是留不住的，你还是自己留着吧。"

女王想了想说："皮豆，你别着急，下一道题我们都不做，专门留给你。

"好，就这么定了。"同学们都同意班长的决定，皮豆
感动得握紧拳头："我一定努力！"

"记住，先乘除，后加减。"蜜蜜提醒他。

"嗯，记住了。"

飞船继续飞行，窗外的景色不停地变幻，因为说好了把下一题让给
皮豆，所以大家都放松了很多。

"我写一首诗吧。"面对奇妙的太空景象，皮豆忍不住说，"大家
听好了，今夜星光灿烂——"

"切，这是你写的吗？"于果不客气地说。

"不是我写的难道是你写的？"皮豆也不客气地反问。

"嘘，别吵了，新的算式来了。"女王让他们停下来。

果然，外面又出现了一道题：1+2×（8−3）÷5×（7−6）。

皮豆边做题边念念有词:"1+2=3……"

"错了,你又忘了?"女王小声地提醒他,生怕怪怪老师听到。

"哦,我真是糊涂了。"皮豆抓抓头发,咬咬铅笔,继续算,"2×8=16,3÷5=,哎哎,这题出错了,3怎么能除以5呢?"

"是啊。"大家都觉得这题出得有问题。只有博多又摇头又摆手,可惜大家根本不看他,只顾着向怪怪老师抗议了。

"我可以很负责任地告诉你们,这些外太空的题目是不会出错的。"怪怪老师很认真地回答。

同学们都傻眼了,这可怎么算呀?

皮豆更是哭丧着脸说:"我怎么这么倒霉啊,摊上这么难的题目,我不做了还不行吗?"

女王看了看他,无奈地摇摇头:"博多,你会做吗?"

"我来试试吧。"博多说着,把算式写了出来。大家看时,只见一

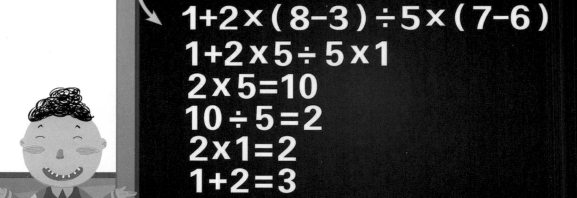

1+2×(8-3)÷5×(7-6)
1+2×5÷5×1
2×5=10
10÷5=2
2×1=2
1+2=3

道脱式计算:

"完全正确!"怪怪老师说完,哗啦一声,博多又收获了一大把星星。谁眼红也没用,因为他们都知道了,各人的礼物别人是要不走的。

"这真是一个公平的太空啊。"

怪怪老师转过身来:"好了,现在飞船正在返回途中,我刚才看到博多的话没说完,同学们就不再听了,其实混合运算的顺序除了'先乘除,后加减',还有一句也很重要:有小括号的先算小括号里的。记住没?"

"记——住——了——"

在这么难忘的太空之旅中学到的知识,有谁会记不住呢?

脑力大冒险

皮豆听了老师的话,把混合运算里的加减运算定为一级,乘除运算定为二级,带括号的部分优先运算。你按照这个规律来算一算这道题吧:

14+13-8÷4×3-2×(4+3)-1

第七章

条条框框

"要想跑得快，你必须有一双长腿，这是条件。"

"要想跑得快，你必须有一双长腿，这是条件。"十一又跟女同学吹开了。

女同学都羡慕地看着他："哇，十一，我也好想有你那样漂亮笔直的腿呀。"

"那你就多锻炼呗，我每天都早起跑步的。"

"说到条件呀，这正是我们今天要讲的内容。"怪怪老师突然出现在教室里。

"拜托，老师，走路不要像猫似的好不好？会吓出人命的。"女王摸着胸口抗议。皮豆哈哈大笑："没想到女王也有害怕的时候呀，哈哈哈。"

女王佯装生气地说："我平时不胆小，怪怪老师这样突然冒出来，谁都会害怕的呀。"

"瞧瞧，这也是条件，女王的条件就是我不突然地出现，她才能不害怕。"怪怪老师说话倒是紧扣主题。

皮豆来了兴趣："老师，快说说你的条件吧。"

"不是我的，是解题的条件。我们先来说说条件是什么。比如你想去大洋彼岸，首先你得乘坐飞机或轮船……"

"坐飞船也行啊。"同学们还没忘上节课奇妙的太空旅行。

"游泳过去也行的。"皮豆就想跟别人不一样。

怪怪老师吃惊地看着他："从理论上来说是可以的，可是你确定你能游泳穿越太平洋？"

"他呀，不累死也得喂了鲨鱼。"博多叫道。

眼看皮豆要恼火，怪怪老师赶紧说："好了，我们来看看几个条件句：'只要……就……''只有……才……''无论……都……''不管……也……'"

"老师，别说我没提醒你，现在上的是数学课，不是语文课的造句。"女王笑嘻嘻地说。

"好吧，只要你们乖乖地听话，我们马上开始数学之旅。"

同学们早就在期待了，此时一起高呼："我们听话！"

突然，教室四周的墙壁不见了，取而代之的是青山绿树，耳边响起

田园鸡犬的叫声。

"啊，我最喜欢去乡下了。"皮豆说着，不等怪怪老师发话，就冲了出去。

只听"嘭"的一声，皮豆不知碰到了哪里，"噔噔噔"飞快地倒退回来，又朝前"扑通"一下栽在了地上。

"哈哈哈，皮豆，刚到乡下你就来个狗啃泥呀，精彩。"

皮豆骨碌一下爬起来，揉揉脸说："这里怎么还有机关呀，害得我吃苦头。"

"要怪就怪你没仔细看清楚。"怪怪老师说着，指了指四周，大家看了都笑，明明有密密麻麻的篱笆墙，刚才皮豆怎么就没看到呢？

"我敢打赌刚才是没有的，肯定是怪怪老师临时变出来的。"皮豆想挽回自己的面子。

怪怪老师举着双手说："冤枉啊，这不过是农村特色罢了，怎么能怪我？我可没有那个本领在短时间内编这么密的篱笆。"

可不，这篱笆纵横交错，穿插严密，不是一时半会儿就能完成的。

"唉，都是条条框框，不好玩。"皮豆还在嘟囔。

蜜蜜的眼睛一直在到处看，她好想摸摸小羊，抱抱小猪。"快看，那儿有小鸡和小鸭！"

大家都冲了出去，只有皮豆慢吞吞的。要问大家怎么没碰壁，那是因为人家都是从篱笆当中开的门里通过的。

怪怪老师走在最前面，他忽然停住，伸出双臂拦住大家："这里的小鸡和小鸭需要大家算一算有多少只，才能和它们一起玩。"就这么一伸手，刚才的篱笆又跟了上来，围住大家，只是同学们都没察觉。

"条件，这就是条件。"女王对同学们说。

"没错，这是我提出的条件，你们要满足了条件才能好好玩。这道题的条件是——"怪怪老师看看小鸡小鸭，又看看同学们，"小鸡18只，小鸭比小鸡多12只，小鸡和小鸭一共多少只？"

"我知道，30只。"皮豆脱口而出！结果脑袋上被敲了一下。

"谁？谁打我？"皮豆急了，转着圈找那个对他下手的人，可是大家都在算题呢，哪有人动手呀。

"是我！"一个声音在头顶响起，皮豆抬头看到一个长着翅膀的小家伙，手里还拿着魔杖呢，刚才一定就是她用魔杖敲了皮豆的头。

皮豆估算了一下距离，跳起来，想抓住他。可是皮豆跳多高，那个小家伙就升多高，皮豆根本够不着。

"凭什么打我？"

"因为你做错了题。"

"你是谁？"

"我是条件小精灵。"

女王已经算出来了，她报出总数："48只。"

"答对了，恭喜你。"条件小精灵笑着对女王说，"能给大家说说你是怎么算的吗？"

女王眨眨眼睛："当然可以。想算出小鸡和小鸭一共多少只，就要先知道小鸡和小鸭各有多少只。"

"没错，这就是条件。"条件小精灵做了个鬼脸，引得大家哈哈大笑。

"小鸡有18只，这是已知的。小鸭的数量要计算一下，比小鸡多12只，那就用小鸡的数量加上多出的数量，18+12=30。"女王接着说。

皮豆抢着说："我也算出了是30只。"

"但是那不是总数，只是小鸭的数量。"女王看了皮豆一眼，"现在把小鸭的数量和小鸡的数量加在一起，就知道总数了。

30+18=48。"

条件小精灵带头鼓掌，同学们都把掌声送给了女王。小精灵带着女王走出篱笆，女王逗逗叽叽叫的小鸡，又捧起毛茸茸的小鸭，别提有多开心了。

皮豆看得心痒，想偷偷地过去玩。谁知刚往前走两步，又被篱笆弹了回来。"嘿，这里到处都是篱笆。篱笆本来是圈住动物的，现在好了，我们人类被圈在里面了。"

"是啊，我们成了动物园里的猴子了。"有人跟着起哄。

"是你不遵守纪律，忘了我们说好的条件。"条件小精灵的语气和怪怪老师差不多。

"怪怪老师，快教教我啊，我也要和小动物一起玩。"皮豆求饶道。

"好啊，就等你这句话了。"怪怪老师指指前面，奇怪，怎么出现了好多种小动物啊？

"小马有3只，小羊有15只，小猪比小马和小羊的总数多5只，猪马羊一共有多少只？"

皮豆抓抓脑袋："这个比刚才的难，不公平，换一道题吧。"

"你不愿做，那让我来试试吧。"蜜蜜说着挤了过来，"要知道猪马羊一共有多少只，就必须知道猪马羊各有多少只，这是条件。"

条件小精灵一听到自己的名字，就高兴地在大家头顶飞来飞去："说得好，加油啊，蜜蜜。"

"小马和小羊的数量是已知的，小猪的数量就要算一算了。3+15=18，这是小马和小羊的总数。小猪的数量比这个数还多5，那就再加5呗，哈，小猪是23只。猪马羊一共是23+18=41只。"

"恭喜你答对了！"条件小精灵拉着蜜蜜走出了篱笆。蜜蜜走了几步，回过头来朝皮豆做了个鬼脸："承让了！"

皮豆那个急呀，不知道下一道题会不会更难。

场景转换，现在出现的是猫、狗和鸽子。"猫有2只，狗有4只，鸽子的数量是猫和狗的总数的3倍，求他们的总数。"

"老师，鸽子跟猫和狗不搭界，就不用放在一起算了吧？"皮豆觉得这样的组合很别扭。

鸽子却抗议说："鸡鸭出来的时候，我慢了一步，现在还不让我出来，我啥时候能玩啊？"原来题目里有谁，谁才能到这个园子里撒欢儿，所以鸽子说啥也不愿退出。

"你认为别扭，那我来好了。"博多毫不客气地挤到前面来，"第一步，先求出猫和狗的数量,是6只。第二步,求出鸽子的数量,是18只。第三步,求出总和,是24。"

"恭喜你答对了!"条件小精灵又把博多带走了。

皮豆暗暗发誓,下一道题无论有多难,都要攻克它。再不去玩,就没时间了呀。

这次出现的是一条河,河里有青蛙,有小鱼,还有小虾,它们游来游去,都把皮豆的眼睛晃花了。"但愿这道题不难。"他在心里祈祷,因为他最喜欢玩水了。

"小鱼跳出水面10次,小虾跳了13次,青蛙跳的次数比小鱼小虾跳的总和少4次,求它们跳的总次数。"怪怪老师又出题了。

"我知道,我知道。"皮豆生怕别人抢着回答,忙举手,"小鱼小虾跳的总和是23次,23+4=27,27+23=50,哈哈,答案是50。"

"嘭"!皮豆头上又被敲了一下,条件小精灵大叫:"错了,错了!"

十一挤过来说:"皮豆,别怪我不够意思,我算的结果是42。"

"答对了,恭喜。"条件小精灵把十一带去玩了。被留下的皮豆哭丧着脸，还不知道自己错在哪里。

怪怪老师在空中划了几道，皮豆看到写的是"比小鱼小虾跳的总和少4次"，他的脸一下子就红了。是啊，要怪就怪自己太粗心，把少当成了多，应该用减法时用了加法，唉！

为了照顾皮豆，怪怪老师专门为他出了一题：四个人一起栽了15棵树，女王栽了4棵，蜜蜜栽了3棵，博多栽的树比女王和蜜蜜栽树的总数少2棵，问皮豆栽了几棵树？

"啊？这也太难了吧，我根本没栽过树。"皮豆傻眼了。

怪怪老师笑着说："如果做对了题，你就有机会栽树了。记住：看看你需要的条件是不是已知的。如果有未知的，就要根据别的已知条件来求出。"说着，怪怪老师转身走了，他要去给别的同学出题了。

皮豆掰掰手指头，又在地上画来画去，他希望早点儿冲出篱笆。

脑力大冒险

这一次，把当老师的权力交给你，你给同学出一道难题吧！记住，题目的条件要给足，还要有难度。

第八章

魔塔

每次学习新知识之前，怪怪老师总是要弄出点儿动静，这次也不例外。

他让同学们背乘法口诀，还得一个个过关。

皮豆才不怕呢，他的文具盒有个夹层，上面有乘法口诀表。

"很好，前面的同学都背得不错，下一个，皮豆。"怪怪老师发话了。

皮豆从容地站起来："一一得一……二三得六，三三……三三……"他低头看了看文具盒："三三得九，一四得四……"

"停！从前有个老妖怪，长得又黑又丑，专门对付上课不认真的学生。他的眼睛能识破那些耍小聪明的学生的诡计……"怪怪老师突然讲起了故事。

皮豆不知道怪怪老师的葫芦里卖的什么药，等他讲完了才接着背，不，是接着读："……二四得八，三四十二，四四……"

"抬起头来，你不抬头怎么知道老妖怪长得什么样？"怪怪老师说。

皮豆还没抬头先乐了，他想起有个笑话——生物课老师在给学生讲非洲野驴，学生在底下昏昏欲睡，老师大怒，说："你们都看我啊,不看我怎么知道非洲野驴长得什么样?"

皮豆边笑边抬头看怪怪老师,不看不知道,一看吓一跳,他发出一声怪叫:"啊!"

同时,大家也都发出了惊叫。没错,他们看到的是真的老妖怪,又黑又丑,胡子老长,身上的衣服又破又脏。

第一个念头就是逃跑,所有的学生都准备拔腿逃跑,但是,他们的脚好像被粘在了地上,根本动不了。他们想呼救,可是四周忽然黑漆漆的一片,根本不知道是什么地方。

一张纸条快速地在同学们之间无声地传递着,上面是女王的笔迹:"大家别紧张,只要团结一至(致),总能想办法解决的。不要和妖怪硬拼,静观事情发展。"可能是因为写得比较着急,还有一个错别字。

没有了惊叫和慌乱，大家静静地站着。

也许是因为大家太平静了，现在惊讶的是老妖怪。他睁大了眼睛看着大家，头不停地晃动着，好像是不敢相信。

那妖怪眼珠子瞪起来比铜铃还大。要是平时，蜜蜜这样胆小的女生早就吓哭了，可今天她们就是再害怕也不敢哭，生怕激怒了妖怪。

"哼！你们不怕我？"老妖怪有些失落，想了想，又阴险地笑了，"那好，我再叫一个帮手来。"

话音刚落，他身边又增加了一个小妖怪。大家还来不及惊叫，却都笑了，原来这小小的家伙不是妖怪，是ET啊。

"ET，你好，欢迎来地球！"皮豆壮着胆子说。

　　ET眨眨他那特有的大眼睛，摇摇细脖子上的大脑袋说："不，这里不是地球，欢迎你们来到ET星球。"

　　同学们经历过很多奇奇怪怪的事，对这间教室飘浮到任何地方都不再奇怪了。他们看小ET好说话，就求他帮忙："快放我们回去吧，我们还在上数学课呢。"

　　"不行啊。"ET又晃晃脑袋，"我们长老请你们来是有事要做的。"

　　"请？有这么不客气的邀请吗？"皮豆不高兴地说。

　　老妖怪喘着粗气，鼻孔里喷出两股黑烟："哼，不管我客气不客气，你们要帮我做好了才能回去，如果做不好，哼！"

　　"我们是学生，只会做题，别的都不会。"博多大声抗议。

　　老妖怪从口袋里掏出一把小棍："我偏不要你们做题，我要你们给我盖高楼。"

完了！教室里一片哭爹喊娘的声音：

"妈呀，我可不会盖房子。"

"天哪，盖一座高楼需要多长时间啊，我们恐怕是回不去了吧？"

"盖楼还不得好几年呀，怎么办？我想妈妈。"

"我想家。"

"我想我的小猫咪。"

"我想我的仙人掌。"

除了女王，大家都哭诉开了。

突然，又一张纸条传过来了，皮豆悄悄打开。"大家注意看ET的表情和暗示。"

皮豆看完了，赶紧传给下一位同学。皮豆抬头一看，只见ET把细细的长手指竖在嘴巴上，示意大家不要再哭闹了，以免惹恼老妖怪。

再次安静下来，老妖怪才说："这是你们盖高楼的材料。"说着，他的手里出现一大堆小细棍。

"呜—— 啊—— 哇。"大家喊了一半，又把声音吞了回去，还是不要把老妖怪惹怒吧。

用这么小的棍子盖高楼，岂不要了命？难道要做沙盘里的小房子吗？

"哼，你们是嫌小棍子不够大是吧？"老妖怪果然能读懂大家的心思。他把小棍往地上一撒，马上变成双节棍大小，又一指，变成了胳膊粗细的木棒。他再吹口气，屋里就堆满了盖房子的大椽子。

　　"去吧，给我盖高楼去吧。"老妖怪说完，背着手离开了。

　　面对这些材料，大家只有发愁的份儿了，都把目光看向女王，女王却看着ET。

　　果然，ET拿出一张图纸，上面写着"魔塔构造图"。他把图纸变大，放在大椽堆旁。看到这么复杂的设计图，蜜蜜又差点儿哭了。

　　"嘘！"ET小声地说，"我把其他的工序都准备好了，你们只要算出需要多少根椽子就行了。"他的话音刚落，大家就置身于一片空旷之地。

　　"大家别怕，根据图纸来看，这个所谓的高楼就像古代的亭子，只是多了好几层。"女王安慰大家。

　　博多看看图纸："嗯，是塔的构造图，这比真正的大楼简单。"

　　再看看四周，塔基已经建好了，旁边摆放着造好了的塔顶，还有每一层的底盘，应该都是ET帮着弄好的。现在只需用木料把每一层撑起来。

"首先我们要知道椽子到底有多少根。现在,请每人认领三根,别重复了。"女王开始下命令了。

博多马上纠正说:"咱们要盖的不是真正的大楼,这些木材不是椽子,应该叫柱子。"

"好吧,柱子就柱子,这会儿你就别咬文嚼字了,我的大学问家,咱们抓紧时间好吗?"女王有些不耐烦了。

"好好好,大家快开始吧。"皮豆抢先去木料堆前,认领了三根柱子。他想做个记号,谁知手轻轻地一拨弄,那三根柱子就跟着他挪了地方。他暗自纳闷:"难道我有了大力神功?"

再看看别的同学,也是很容易地就挪开三根柱子。"莫非这是塑料泡沫做的?"皮豆在好奇心的驱使下,又去挪其他柱子,谁知竟然纹丝不动。

他敲了敲柱子,除了木头声音,好像还夹杂着一些金属声。

皮豆怀疑自己挪走的柱子有假,又转身去敲。嘭嘭,和那一大堆的声音是一样的。

来不及多想,大家都认领了自己的三根柱子。女王数了数人数:"今天有5位同学患流感请假,这里共有47位同学,加上ET朋友,共48人,每人3根柱子,一共是48×3=……哎呀,这个我们还没学过，不会算啊。"

博多挺身而出："我来，这个要列竖式计算，大家看我的。"他说着，在地上画起来。只见他把48写在上面，把3写在下一排，前面加了乘号，最下面还画出一道横线来。大家乐了："博多，你是在地上盖高楼吧？"

"等一会儿你们就明白了。"博多说，"48个位上的8先乘以3，等于24，24就是20加上4，我们把4留下——"

"你要把20藏起来吗？"皮豆问。

博多瞪了皮豆一眼，不说话了。女王急了："皮豆，你要是再捣乱，我们就开除你的地球籍。"

"开除我吧，反正现在离地球远着呢。"

"威——武——！"同学们一起对着皮豆喊。皮豆马上不敢说话了，要是所有的同学都反对自己，那就糟糕了。"博多同学，对不起，请

继续。"

博多这才继续说道："我们把刚才的20往十位上进2，一会儿别忘了加上就行。接着再拿48十位上的4乘以3，也等于12，这个2留下，加上刚才的2就是4了，10往百位上进1。现在，百位上是1，十位上4，个位上是4，就是一共144根柱子。"

掌声响起来，博多不好意思地摆摆手："我不过是提前预习了一下，谁知道今天刚好用上了。"

"我明白了，"女王突然说，"怪怪老师用心良苦，就是想让我们学会乘法的笔算法则呀。"

皮豆很不服气，他也想出出风头，就悄悄地去琢磨图纸。图纸上说得很详细，魔塔一共六层。"哈哈，只要用柱子的总数除以6就知道每层需要的柱子数量了，这次我可要抢先了。"皮豆得意地笑了。

他写下一个算式"144÷6=？"不好，这样的算式还没学过呢，皮豆又傻眼了。

"嗨，在这儿瞎琢磨啥呢？"博多拍拍皮豆的肩膀，又看看地上的算式，"哈，这是要用竖式笔算的除法呀。"

"要用竖式？快，求求你教我吧，让我也在同学们面前露一小手。"皮豆恳求博多，并学着博多刚才的样子，在地上写了竖式。第一排写144，第二排写6，还在6前面加了个除

号，看看还不像建高楼的，他想了想，又在6下面画了一条横线。"这样行了吧？"

"不行，我刚才算的是乘法，现在你要算的是除法，不一样啊。"博多摇头。

皮豆用脚蹭去这个算式，说："那你来重新列竖式，教教我嘛。"

"抱歉，除法的竖式我也不会。"博多摊开双手，耸耸肩。

皮豆看博多不像在开玩笑，心凉了半截："完了，大家都不会，怎么建这座塔呀。"

ET摇摇晃晃地走过来，在地上画起来。同学们见了，都围过来看。

144还是在第一排，不过横线跑到了这个数的头顶，144左边还加了小括号的右半边，6就在这半个小括号左边。

"百位上的1被6除,我们往后找十位上的4,14÷6,商2;把2写在4的头顶,14−12=2,2又不够被6除,我们继续往后,找个位上的4,24÷6=4,刚好。把这个4写在第二个4的头顶。"ET边说边写,"结果就是横线上的数,24。"

"哈,博多,ET的高楼比你的高啊。"同学们看着ET列出的竖式,笑了。

"好了,计算结果有了,现在我们去盖塔,每层24根柱子,大家数清楚了。"女王命令道。

"哈哈哈。"大家把柱子都竖起来时,ET挥动手指,把一层层塔建好了。随着他的笑声,同学们发现,站在面前的竟然就是怪怪老师。

脑力大冒险

　　博多和十一一起玩垒塔游戏，每人出一道除法题，列出竖式来计算，谁的除法竖式长，也就是谁垒的塔高，谁就赢了。博多和十一后来都输给了女王。女王给出的除法竖式可以无限算下去，她的塔可以一直垒下去。猜猜女王出了一道什么除法题？

打扑克牌喽

  对于怪怪老师究竟是大怪物还是油灯还是外星王子，大家有着不同的猜测，最终还是没有结果。就像每一次奇迹出现之后，大家都会百思不得其解。

  这天上课，怪怪老师没有拿课本，也没拿教案和教鞭，是空着手来的。

  "老师，今天不上数学课吗？"皮豆好奇心最强。

  "上啊，这节课是数学课，怎么能不上数学课呢？"怪怪老师好像在说绕口令。

  "那——"女王也好奇了。

  怪怪老师伸出右手，对着空气抓了一把，大家眼睛都没眨地看着他。怪怪老师嘴里说着"接下来就是见证奇迹的时刻"，手上就多了一把扑克牌。

"哇——老师也给我变一副牌吧?"皮豆眼馋了。

"可以,请先给我一副扑克牌的钱,外加跑腿费。"

皮豆撇撇嘴:"切,那我不如去叫外卖了。"

博多起哄:"皮豆,你能叫来扑克外卖,我就陪着你吃了它。"

"得了吧,把巧克力做成扑克牌,这并不难。不过,我还想吃呢,怎么会舍得让你陪着吃?"

怪怪老师用手指敲敲讲台:"看好了,这可是真的扑克牌呀。"说着,他开始哗啦哗啦地洗牌。

"女王,你可是真正的王啊,这张大王就给你吧。"怪怪老师招呼女王上台来拿牌。

女王只挑了张小王："老师才是咱们班的大王呢。"

接下来，大家依次走上讲台，摸一张牌回去。蜜蜜摸了牌还不敢看，回到座位上却发出一声惊呼："哇！我是红桃Q，太好了，皇后啊。"说着她忍不住亲了亲那张牌。

皮豆摸了张红桃K。

博多举着牌说："红桃Q很了不起吗？我还是方块Q呢。"

大家都叫博多方块娘娘。

"大家看好了，每张牌都是长方形……"怪怪老师清清嗓子，开始正式上课了。

"报告老师，我的牌是圆角，不是直角，这不算长方形吧。"皮豆打断老师的话。

怪怪老师看了他一眼，说："皮豆的观察能力非常好！但大家的牌都是这样的，这个小小的圆角要忽略。"

皮豆乖乖地坐下。

"今天要学的是周长，关于长方形和正方形的周长……"怪怪老师说着，手里还拨弄着剩下的几张扑克牌。

"报告老师，扑克牌都是长方形的，没有正方形的。"皮豆又站起来打断老师的话。

"你想被罚吗？"怪怪老师冷静地看着皮豆。

皮豆呼地坐下了，还心有余悸地摸摸胸口。

接着，皮豆觉得自己的身体越来越扁，慢慢地变成了一张纸，后来不知怎么的就钻进了扑克牌，成了红桃K了。

这个红桃K唯一特别的地方就是国王变成了皮豆。

红桃K又回到了怪怪老师的手里，和剩余的几张牌一起，被怪怪老师洗来洗去。

皮豆早就头晕了，剑也拿不住了，全身跟着晃悠起来。

"救命啊，老师，求求你饶了我

吧。"皮豆苦苦哀求，可惜怪怪老师根本听不见，原来皮豆变小了，声音也变小了。

最可气的是同学们坐在下面，只顾盯着老师手中的扑克牌看，好像老师随时都会大变活人似的。

其实，皮豆不知道，女王早就发现了皮豆不在座位上，而且怪怪老师手中有张牌上的人物很面熟。她悄悄地转向一边告诉蜜蜜，蜜蜜又告诉旁边的同学，这样传来传去，大家都盯着怪怪老师手里的牌看。

因为不知道皮豆摸到的牌是哪张，所以大家对于红桃K上是不是皮豆不敢确定，也就没人出手相救了。

"唉！关键时刻，还是靠自己吧。求人不如求己，我看看有什么办法没有。"皮豆想趁着怪怪老师不停洗牌的工夫逃走。

他左顾右盼，突然发现一张J被换到他身边了，太好了！

"嗨，骑士，快来救驾！"他大喊。

J慌忙四下里看看，说："陛下，我没有'酒驾'，根本就没喝酒，到现在饭还没吃上呢。"

皮豆在心里叹了口气，唉，是个笨骑士。可还没等他吩咐，怪怪老师的手又把他们分开了。

"谁知道，什么是周长？"怪怪老师在提问。他的声音在皮豆听来简直就是雷声滚滚，太响了。

"我知道，周长就是一周的长度。"蜜蜜在回答。皮豆很生气，平时蜜蜜的声音又轻又柔，怎么今天也像是在吵架呀。

怪怪老师满意地点点头："对。"点头就点头呗，手上别加力呀，皮豆被捏得龇牙咧嘴。

十一说话了："那我也知道，一周的长度就是七天。"

皮豆刚想笑，不料一阵震天动地的声音"哗——"地涌来，差点儿把他掀翻了。原来是同学们在笑十一的回答。

怪怪老师好容易止住笑，说："十一同学，我们讲的是物体一周的长度，不是指时间，不是一星期的长度，知道吗？"

"从某种意义上来说，十一说的也没错。"博多抢先站起来，文绉绉地说。

女王警告他："还是听老师讲吧，别打岔。"

　　"好，我们来看看怎么计算周长。"怪怪老师对女王这位得力的助手很满意，维持课堂纪律，多亏了她。

　　怪怪老师随手抽出一张扑克牌，刚巧就是皮豆所在的红桃K。"比如这张牌，我们想知道它的周长，就要量出它四条边的长度，然后相加。"他的手指划过牌的四边，问："是不是很简单？"

　　"简——单——"同学们齐声回答。

　　"但是，大家发现没有，长方形的这两条边长是相等的，这两条边长也是相等的？"怪怪老师指指扑克牌的长和宽，引导同学们找一个快捷的方法。"那么，周长就是两个长加两个宽，我们只要把长和宽相加再乘以2就可以了，是不是？"

　　"是——"同学们的回答依然响亮，他们也在观察自己手中的扑克牌。

皮豆不高兴了,他使劲向两侧伸展双臂,"噗——"红桃K变宽了。他又跺跺脚,"噗——"红桃K变长了。

怪怪老师没有思想准备,一下子没拿稳,牌掉到了讲台上,怪怪老师惊叫了一声:"啊!"

同学们都抬起头,看到怪怪老师拿着一张超大的扑克牌:"嗯,嗯,我特意把这张牌变大了,让你们仔细看看长方形和它的周长。"

皮豆并不配合,他又伸了个懒腰,圈在他身外的框框又大了一些,已经比课本还大了。

同学们这下总算看清楚了："皮豆！那不是皮豆吗？"

"是皮豆的照片。"

"皮豆成红桃K了，当大官了呀。"

皮豆总算引起了大家的注意，他吸吸鼻子，皱皱眉，挤挤眼，把同学们逗得哈哈笑。

怪怪老师不高兴了，对着扑克牌说："你又想受罚了吧？"

皮豆知道，只有变得更大才能脱离危险。他拿出身后的宝剑，往左右各挥舞了一下。"噗——"扑克牌的边框变得更大了，皮豆的身体也变得很宽，塞满了框框。

"哎呀，皮豆成大胖子了，不好看。"蜜蜜捂着嘴笑。

皮豆又把剑冲着上面挥舞一下，从头顶到边框的距离增大了，他跺跺脚，个子长高了，已经和同学们差不多高了，也不胖了。

本来这样就可以了，可是皮豆的调皮想法又来了，他要变得更大。

"闻鸡起舞！"皮豆喊着，手拿宝剑，继续舞动起来。

随着他的动作，扑克牌变得越来越大，很快就把讲台也包进来了，接着就是怪怪老师。怪怪老师可不想进皮豆的"圈套"，但是扑克牌太大了，半个教室已经被包进来了，接着又是整个教室，谁也跑不了。

"哈哈，现在这个周长够大了吧？"皮豆很威武地手持宝剑,一副国王的范儿。

怪怪老师拔腿想出去:"我出去量一下,看看周长到底是多少。"

"站住!"刚才的那个J骑士出现了,"没有国王的命令谁也不准离开。"他又扔给怪怪老师一个软尺:"喏,就用这个在框框里面量吧。"

博多说:"可是这个框和外面不一样啊。"

"你仔细看看。"皮豆说着指了指边框。哈,不知何时,边框已经变得很薄很薄,接近透明了。

怪怪老师只好去量,边量边报数:"长是10米,宽是6米。"

"你,"皮豆指了指蜜蜜,"告诉本王周长是多少。"

"10+6+10+6=32米。"

博多摇摇头:"老师说了有简便的方法,就是(10+6)×2=32米,你怎么没记住呀?"

周长 = (长 + 宽) ×2,
大家要记牢。

"是啊，我说了，周长=（长+宽）×2，大家要记牢。"

皮豆又不知从哪里掏出一块手绢，问："谁知道这个的周长是多少？"

女王看怪怪老师太辛苦，就主动要求说："我来量吧，让老师歇会儿。"

怪怪老师把软尺递给女王，并偷偷说了句："只要量出一边就行了，正方形四边都是相等的。"

女王真是冰雪聪明，马上明白了怪怪老师的意思。虽然皮豆把手绢变得和地毯差不多大，但是手绢还是手绢，是正方形的。女王量了一条边长，5米。

"这个手绢的周长是5×4=20米。"

"我不信。"皮豆觉得女王在偷懒，"你把软尺给J骑士，让他把四个边都量出来，如果不对，哼——"

J骑士认真地量了一遍："5+5+5+5=20米。"

皮豆无话可说，但是还想找茬刁难大家。

女王已经想出了好办法，她唰地抽出小王，对皮豆说："我命令你马上恢复原形！"

皮豆看到小王："啊，不好！"他还想挣扎，但是扑克牌已经变小，同学们依次被释放出来。直到最后，皮豆自己也出来了，他手里只有一张普通的红桃K。

怪怪老师庆幸自己够明智，给了女王一张王牌，要是只给她Q，可就救不了大家啦。

脑力大冒险

有一大张纸，是长方形的，可是手里的尺子却只够量宽度，不够量长度，怎样能快速地计算出这张纸的周长？

第十章

飞毯的秘密

　　同学们正走在上学路上呢，一张华丽的毯子从天而降。女王被美丽的图案吸引了，一下子扑到毯子上，没想到毯子会在地上移动，像滚动电梯。

　　其他同学禁不住诱惑，也踏上了毯子，毯子带着他们东走走西逛逛。渐渐地，毯子升高了一些，和大家的书桌一样高了，又有一些同学跟着上来了。

　　"啊？飞毯？等等我！"本来矜持的同学们也纷纷往上爬，可惜这时飞毯已经升到一人多高了，有的人已经爬不上来了。

　　女王伸出手："快，我拉你上来。"

　　又有几位同学上来了，毯子在自动扩大，也在继续上升，已经离地很高了。

最后的最后，反应迟钝的十一抱着皮豆的腿也赶上了。皮豆呢，迟迟不敢上毯子，等毯子飞得很高了，才下定决心行动。现在他的手只抓到飞毯的流苏。

"拉我一把啊。"皮豆对着博多喊。博多却忙着拍照呢："来，笑一下，你飞起来的姿势很特别啊，像鸟又不是鸟，像飞机却不是飞机……"

话没说完，皮豆坚持不住了，手松开了流苏。

"啊——"皮豆和十一同时惊呼。

女王趴在飞毯边上，绝望地伸出手："皮豆，十一……"

博多不敢说话，如果刚才他及时出手相助，皮豆是不会掉下去的，现在说什么都晚了。

不，也许不晚。博多灵机一动，连叫三声"乌鲁鲁"，只见一朵乌云从眼前掠过，很快，大家都认出那是乌鲁鲁的身影。

"就让皮豆他们骑着乌鲁鲁追上来吧。"博多总算敢出声了。

此时，他们坐着的飞毯还在继续飞行。

很快，就传来了乌鲁鲁"汪汪"的叫声，还伴随着皮豆和十一的笑声。

"哈哈，人家也有飞毯呢。"博多笑起来，原来乌鲁鲁是衔着一小块飞毯去接住皮豆和十一的。

"这下好了。"蜜蜜冲着皮豆喊，"你知道刚才我们多担心吗？"

皮豆开心地笑了："哦？这么说，我们的人缘还不错呀。"

"主要是我的。"十一昂起头。

同学们伸手把皮豆和十一连同乌鲁鲁一起拉上了大飞毯，皮豆把小飞毯折叠起来，绑在大飞毯的流苏上。

飞毯上多了只灯。

"阿拉丁神灯！"

"很显然这是传统的中国制造。"

是的，这只是一盏老式的油灯罢了，火苗像豆粒一般大小，还被呼呼的风吹得险些灭了。

"我知道，这是豆。"博多见多识广。

十一很不屑地说："你别逗了，这明明是灯，跟豆有什么关系？"

皮豆看了看说："是啊，博多，是你在逗吧？这灯怎么能叫豆呢？我叫豆还差不多。"

"无知真是可怕啊。"博多摇头晃脑，闭上眼睛不愿多解释，只是吝啬地挤出两个字："陶豆。"

还是女王聪明，马上猜出了博多的意思，试探着问："难道这是古董？"

"正是。这是古代的油灯，春秋战国时期的灯具啊。"

"啊？"皮豆惊讶地张大嘴巴，喝了不少西北风，"古董啊，发财啦！我要摸摸，沾点儿财气。"

说着他的手在油灯上摩挲着，不料，一个巨人跳了出来，都快把飞毯占满了。

大家小心翼翼地紧挨着，生怕被挤出去。

过分的拥挤让乌鲁鲁感觉不舒服，他并不知道发生了什么事情，急得汪汪汪叫起来。

"嗯？"巨人猛地回头，他的眼光如电，吓得大家都哆嗦起来。多亏皮豆急中生智，偷偷地把手伸到流苏上，解开了那张小的飞毯。将飞

毯扔出去的一刹那，他叫了声："乌鲁鲁！"

乌鲁鲁随着皮豆的叫声，纵身跃起，飞扑到小飞毯上。

与此同时，巨人发出轰隆隆的说话声，如同在耳边响起炸雷："谁叫我？"

女王马上就明白了，这个巨人也叫乌鲁鲁。作为班长，在危急时刻必须挺身而出，她勇敢地站起来："是我，我是女王。"

"啊？女王陛下，您就是我的主人。"巨人乌鲁鲁摘下帽子施礼。他那丑陋的样子把大家吓住了，谁也说不出话来。

女王还算镇定，对他说："你回去吧，这个飞毯承受不了太多重量，都挤着我啦。"

"啊，女王陛下，我马上变小些。但是我不能离开，我要保护我的主人。"巨人乌鲁鲁嘴里嘟囔着，把自己变小了，"要怪只能怪这个飞毯的面积不够大。"

"还不够大？"皮豆吃惊地说，"这么多同学都在这里了，这飞毯都有教室大了呢。那个才叫小，能坐几个人？"说着他指了指小狗乌鲁鲁所在的飞毯。那个小飞毯一直跟着大飞毯，紧紧追随。

巨人乌鲁鲁突然翻脸了，露出凶恶的表情说："我说面积小就是面积小，谁敢顶撞我？"

女王忙说："乌鲁鲁，别发火嘛，快跟我们说说，什么是面积呀？"

"是，女王陛下。"巨人乌鲁鲁垂手低头，温顺地说，"面积嘛，就是这个飞毯表面的大小啊。"

博多问："那么，这个飞毯的面积有多少米大？"

"你错了。"巨人乌鲁鲁只对女王温柔，对别人总是急吼吼的，"面积的单位是平方米、平方分米或者平方厘米……"

"还有平方毫米吧。"女王笑嘻嘻地说，其实她是猜的。

"啊，女王陛下。"巨人乌鲁鲁跟女王说话时总是这样开头，"您说得没错。"

皮豆好奇了："1平方毫米，只有针尖这么大吧？"

巨人乌鲁鲁点点头："1平方毫米太小了，我来说说1平方厘米吧，还没有成年人的指甲盖大。"

"那1平方分米呢？"蜜蜜已经不怕巨人了。

"嗯，我想想。"他低头看看蜜蜜的脚，"你一只脚占的面积有2平方分米差不多。"

皮豆又问："那么，1平方米有多大？"

"哼，真是麻烦。"巨人不耐烦了，挥了挥手，"你自己看吧。"

只见飞毯上的图案消失了，变成了一个个小方格。博多用随身带着的尺子量量，都是10厘米的边长。

"也就是1分米。"女王说。

大家数了数，这块飞毯的长边有60个方格，宽边有30个方格。

"乌鲁鲁，给我们把毯子变大些吧。"皮豆壮着胆子对巨人说。

谁知旁边小毯子上的小狗乌鲁鲁听到了，把自己的飞毯变大了，比大毯子还大。

皮豆和博多他们看到那边变大了，就纷纷跳过去。

巨人乌鲁鲁生气了，大叫一声："变！"这边的毯子迅速拉长、变宽。只听耳边一阵"嗖嗖"的响声之后，毯子上的同学之间距离越来越远，他们说话都要用双手套在嘴巴上当喇叭大声喊了。

皮豆那边的飞毯也在变大，很快又超过了这边的。

巨人气呼呼地继续发力，飞毯的长边已经有1千米长了。皮豆那边，小狗不停地叫，飞毯也快成了悬在空中的大足球场了。

地上很多人在抬头看，他们大声喊着："太阳怎么不见了？"

女王慌了，飞毯太大，地上都没有阳光了，这可不好。

"快，乌鲁鲁，收回魔法，让飞毯恢复正常。"

"是，女王陛下，马上就办。"巨人说着，飞毯迅速变小。

小狗乌鲁鲁以为女王在说他，也听话地把飞毯变小了。

"这飞毯的面积到底有多大呢？"

"啊，女王陛下，我来算算吧。"

"你会算？快教给我们。"

"首先要确定这是什么形状，比如，是正方形还是长方形。"

"那好办，刚才大家数过了，长60个方格，宽30个方格，肯定是长方形。"

"啊，女王陛下，可是我刚才胡乱拉扯飞毯，长度和宽度都变了，必须再测量一下。"

"测量？这可麻烦了，博多一定跑到那边去了。"

"嘿嘿，我们这边量好了，两边的边长都是30分米。"

巨人说了声"那好办"，就飞身过去，一把扯住小飞毯放在了大飞毯上面。小飞毯上的人和狗乱叫："放开我们，你要干什么？"

大飞毯上的人顶着小飞毯，也不舒服，都想推开。巨人好不容易将小飞毯的一边贴在大飞毯的一个边上："哈哈，一样的，这个边也是30分米。"

可惜只量了一个边，小飞毯就被小狗乌鲁鲁发力飞走了。

"可是，另一条边还没量呢。"蜜蜜说。

"没问题。"巨人乌鲁鲁说着，把飞毯的一角向上拉，折起了一个角。本来坐在飞毯上的学生都倒立着了，吓得他们哇哇大叫。

折了角的飞毯还余下很多，巨人又拉起对面的一个角往上折，毯子里的学生也被挤得哇哇大叫。

巨人松了手，两个邻角又都唰地展开了。

"好了,飞毯的长度刚好是两个宽,这是个长方形。"

女王学习心切,忙问:"快告诉我们怎么算面积吧。"

"啊,女王陛下,我马上就告诉大家,长方形的面积公式就是长乘宽,很简单。"

"那咱们的飞毯面积就是30×60?"蜜蜜问。

巨人笑了:"是的,30和60的单位都是分米,如果换算成米就是3米和6米,面积就是3×6等于——"

"18!"女王高兴地叫起来。

十一挑衅地向皮豆喊:"嗨,亲爱的同学,我们的飞毯面积是18平方米,你们的呢?"

皮豆为难了:"你们的长方形面积是长乘以宽,可我们的是正方形,我不会算啊。"

"哈哈哈哈……"十一开怀大笑。

巨人举着双手,扭着屁股说:"谁让你们老跟我较劲呢,我可不告诉你们,不过要是你们够聪明的话……"

博多抱着脑袋想了一会儿,突然大叫:"我知道了,把正方形的一条边当长,另一条边当宽,相乘就行了。我们的飞毯面积是9平方米!"

"博多你真了不起。"蜜蜜拍着手又跳又叫,一不小心碰到了油灯,巨人"嗖"的一声钻进了油灯。两块飞毯也开始缓缓降落了。

脑力大冒险

凑齐10位同学，每人准备10张边长为10厘米的正方形纸片，游戏就可以开始了！每个人先用4张纸片摆出正方形，再用9张纸摆出正方形，然后10人一起摆出100张纸片的大正方形。你能摆出来吗？并算一算这三种正方形的面积分别是多少吧！

第十一章

双簧戏台

上课铃声响过，怪怪老师没来，却来了一个红鼻头的小丑，脑袋后还扎了一根翘翘的辫子，身上穿的，戏服不像戏服，官服不像官服。

"嗨，敢问尊驾是走错了地方吧？您是不是穿越了哇？"皮豆忍不住问了一句。因为最近看的古装电视剧比较多，所以他说话都有些古人的味儿，说着还朝人家拱拱手。

小丑没说话，继续朝里走。到了讲台后，他把讲台拉了拉，拉得老宽老宽，又扯了扯，扯得老长老长，讲台占据了半个教室。

"嗨，你要干什么？我们在上课呢。"女王急了，作为班长，她要维护班级利益。

小丑还是不回话，只是把手伸进衣服里，拿出一把五颜六色的丝线，往台子上一扔。顿时，这台子升高了半米，四周挂满了帷幔，嘿嘿，

变成了戏台!

博多悄悄地走下座位来到女王跟前："女王，我看他这是存心捣乱呀，要不要招呼大家一起把他轰出去？"

女王静静地坐着，摇摇头。

"你是被吓傻了吧？"博多拿手在女王面前晃了晃，看她的眼珠还动不动。

女王一把把博多的手打了下来："干什么呢你？"

博多委屈地说："我是在提醒你想办法赶走坏人呀，要是觉得咱们的力量不够大，那就把乌鲁鲁招呼来好了。"

"嘘！"女王小声说，"你难道没看出来吗？这个小丑可能就是怪怪老师。"

"啊！"博多扭头朝讲台上看去，不，事实上，那已经变成戏台了。

与此同时，皮豆也发现了这个秘密。他冲着台上喊："怪怪老师，这样的衣服还有吗，我也想穿。"

红鼻子小丑，也就是怪怪老师，这次扑哧笑了："还是皮豆机灵啊，我穿成这样都被他认出来了。"

"老师，其实女王也识破你啦。"博多连忙说。

女王问："老师，咱们今天学习什么呀，还用搭个戏台？是要上演数学大戏吗？"

"哈，也许吧。"怪怪老师说，"这是一台特殊的大戏。"

"沉住气，听好戏：《沙家浜》《红灯记》。"博多嚷嚷着。

怪怪老师惊讶地问："怎么？你还知道《沙家浜》《红灯记》？真是博学多识啊，这可是老一辈喜爱的戏剧了。"

博多被夸得不好意思了："其实，我是听爸爸说的顺口溜，每次我着急的时候他就这样说。不过他也是听我奶奶说的。"

"我就说嘛，现在的小孩子哪有知道这些的啊。"

"老师，快开始吧！"皮豆等不及了。

"好好好，马上开始！"怪怪老师说着，挥手在空气中扫了扫，"请大家闭上眼睛，神奇的时刻就要到了。"

也不知道他用了什么魔法，反正皮豆等几个好奇心特别重的同学想偷偷眯着眼睛看的时候，发现自己的眼皮好像被胶水粘住了。

"现在，睁开眼吧。"怪怪老师这样说了以后，同学们总算能自如地睁开眼睛了。

所有的人都以为怪怪老师会变出一个奇妙的场面，但是大家都失望了，戏台还是那样，怪怪老师自己也没变，还是穿着那身搞笑的衣服。

"难道你们认为我要表演魔术呀？那可就大错特错了，这是戏台，戏台啊。"说着怪怪老师拿出一个红红的苹果。

蜜蜜这次的反应算是超级快："难道要演白雪公主吗？我申请演白雪公主！谁也不要跟我抢啊。"

皮豆乐了："我皮豆不跟你抢就是了，但你要是成了白雪公主，可就是咱

好好学习，天天

们班长的女儿喽。"

"我是女王，不是皇后，和白雪公主没有关系，你别扯。"女王按兵不动，脸上还挂着笑，不过那笑里藏着不少轻蔑。

不知何时，怪怪老师的手上又多了一个苹果："好了，咱们不说闲话了，现在我手里有两个苹果，如果平均分给两个人，怎么分？"

"一人一个呗。"同学们有些泄气了，这样简单的问题，为什么还要问呀。

"那么，这些呢？"怪怪老师把苹果往空中一扔，不知哪里来的两只手就给接过去了，手随后也不见了。怪怪老师的手里有了四个核桃。

还说不是表演魔术，这又是什么呢？

没有人回答怪怪老师的问题，大家都觉得太简单，不肯张口。怪怪老师只好叫十一来回答："你说吧。"

十一觉得很无聊，用一副无所谓的样子回答说："这样的问题傻瓜也会，一人两个呗。"

同学们哄地笑开了，十一说傻瓜也会，表明他自己就是傻瓜了呀。

十一的脸上挂不住了，恼怒地问："怪怪老师，拜托您出一个难一点儿的问题好不好，这样没有技术含量的问题显不出我的智商来。"

"好啊，现在请看。"怪怪老师把核桃往台下扔去，大家都晃着身子想避开，生怕砸到自己。可那四个核桃根本就没落下来，早被空中之手接过去了。

"好了，别看上面了，看我的手里。"怪怪老师的手里是一张圆形的白纸。他问十一："请问这张纸让两人来分怎么分？"

十一显然对这个问题还是不满意，他撇撇嘴说："这样的纸我家多的是，我随便送给他们几张好了，不用分了。"

"请注意，这是数学题。"怪怪老师不生气，也不笑。

这样，十一反而没了脾气，只好说："那就一人一半吧，一人半张纸。"

请问这张纸让两人来分怎么分？

"请你来演示一下，如何分得平均。"怪怪老师招招手，十一巴不得去台上呢，高高在上的感觉肯定不错。

虽然戏台没有梯子，可怪怪老师的手一伸，就把十一给拉上去了。

十一接过那张纸，对折了一下，沿着折痕撕开了，举起双手给同学们看。

"很好，现在十一同学两只手里各拿了半张纸，也就是原来那个圆形的二分之一。"怪怪老师说着在空中写下了 $\frac{1}{2}$，还闪闪发亮呢，"大家跟我读：二分之一。"

"老师，我做对了，应该表扬我啊。"十一很得意。

"啊？我刚才不是说了很好吗？"

十一摇摇头，说："我在家的时候，每做对一道题，妈妈就奖励我一个……"

"什么？"

"就亲我一下。"

怪怪老师吓得一哆嗦："你不会是想让我——"

"当然不是啦，瞧您吓得。"十一诡异地笑了，"我想让乌鲁鲁单独属于我一星期。"

"不行，乌鲁鲁是大家的。"怪怪老师还没说话呢，皮豆不干了。

"现在轮不到你说话，我们台上的人在商谈呢。"十一不屑地抬起头，顺着下巴尖看着台下的同学。

怪怪老师说："既然你在台上，就配合我演一个节目吧。你坐在椅子上做动作，我蹲在椅子后面说话，你的动作要跟我说的话配合起来。"

"这不是演双簧吗？"

"答对了！记住，我又表扬了你一次哦。"怪怪老师伸出两根手指。

布置好了双簧的椅子，怪怪老师对着台下说："你们看，我俩多像 $\frac{1}{2}$ 呀，我蹲在后面，还弯着腿。"

同学们哈哈大笑，听着怪怪老师的声音在椅子后面响起，看着坐在椅子上的十一做动作。

"走过路过不要错过……瞧一瞧看一看了啊，一斤只要三块半了啊，你买不了吃亏，买不了上当……咚！"

十一犹豫了一下，只好佯装从椅子上摔了下来。

"……你买不了吃亏，买不了上当……咚！"

十一愣了一下，只好再次假装从椅子上摔了下来。

"………咚！"

十一苦笑了一下，又一次假装从椅子上摔了下来。

"………咚！"

十一看着台下同学们忍住笑，个个都憋红了脸，终于不再配合了，坐在椅子上一动不动。

怪怪老师急了，直接把椅子给举了起来，十一高高在上，吓得两只手紧紧地抓住身后的椅子背，脸都吓白了。

"十一，你怕什么？"皮豆一个助跑飞身跃上了戏台，"老师，我来帮你。"

"好好好，现在，大家看到的就是真正的 $\frac{1}{2}$，一个在上，两个在下面支撑着。"怪怪老师还不忘讲课，顺便又用魔法把椅子面变大了一点儿，和皮豆一起顶着。

博多见了觉得好玩，也叫唤着爬上戏台："三个人更好，让老师轻松些。"

"好好好，现在大家看到的就是 $\frac{1}{3}$，我们三个人来分担十一的重量。"怪怪老师又轻松了一些。

作为班长，女王岂能落后，她喊了一声"我来也！"就甩出一条围巾绕在了戏台柱子上，手上一抖，身子就被拉上了戏台。

"好身手！"皮豆说着，给女王让出点儿地方。

怪怪老师又把椅子面拓宽了一点儿，大家一起举着。

"我也来帮忙。"

"还有我。"

"等等我。"

……

同学们喊着，叫着，拉着，扯着，都挤上戏台。现在，台上在演出一场大戏，台下却没有一个观众。

"你们这是要把我给分了呀！"十一哭丧着脸说，"快把我放下来吧，求求你们了。乌鲁鲁，乌鲁鲁，乌鲁鲁，救我呀。"

怪怪老师早已被同学们挤到了一边。他拍拍手让大家把椅子放下，说是椅子，由于被抻拉了好多次，早已成了一张薄薄的木板了。

同学们刚把木板放低，十一就跳了下来，跑到一边蹲着不动了。

一道黑影闪过，乌鲁鲁已经蹲在木板上了。同学们来了劲头，又把他托了起来。

"好，现在这木板就是分数线，上面的乌鲁鲁就是那个1，也就是分子。站在分数线下面的同学们，就是分母。"怪怪老师站在一边，朝空中画了画，果然出现了 $\frac{1}{10}$、$\frac{1}{20}$、$\frac{1}{30}$……

女王明白了怪怪老师的意思，忙对十一说："你看你，刚才的想法多自私，乌鲁鲁是大家的，每个人只拥有他的几十分之一，你凭什么霸占着他呀？"

"对啊，乌鲁鲁是大家的，我们都有份儿，不是哪一个人的。"同学们齐声附和，数皮豆的声音最响。

乌鲁鲁被大家高高举起，在上面很得意。他不停地跟随大家的话做着动作，也成了演双簧的了。

脑力大冒险

博多将一块大蛋糕切成了四块，给女王、蜜蜜、十一和皮豆品尝。为了逗皮豆，博多故意说："我切了四块蛋糕，但切得不一样大，分别是整块蛋糕的 $\frac{1}{5}$ 、 $\frac{2}{7}$ 、 $\frac{3}{10}$ 、 $\frac{1}{6}$ 。你们分别想要哪一块？"三人都对皮豆说："皮豆，你这么爱吃蛋糕你先选吧，祝你选到最大的那块哦！"皮豆早就已经听糊涂了，你能帮他将这四块蛋糕的大小排个序吗？

第14页：

　　1000000；0.000001

第38页：

　　96520；0

第64页：

　　阿姨取整斤数，把零头去掉了。 6×4=24

第77页：

　　6

第102页：

　　除不尽的除法算式即可，如10÷3等。

第115页：

　　可对折。

第129页：

　　400平方厘米；900平方厘米；10000平方厘米。

第142页：

　　$\frac{1}{6} < \frac{1}{5} < \frac{2}{7} < \frac{3}{10}$